OPINIONS
ON NUCLEAR POWER STATION
IN NOTO

能登と原発

1.1地震が実証した
30年来の提言の意味

児玉一八
KODAMA KAZUYA

かもがわ出版

はじめに──この本で伝えたいこと

　能登半島地震が発生したのは、2024年最初の日の夕方でした。
　この日の奥能登は、前日（2023年の大みそか）に降り続いた雨もあがり、午前中に時折みぞれが降ったものの、この時期にしてはそれほど寒くもなく、年が改まった頃に強かった風も昼過ぎからは落ち着いてきました（気象庁データ）。そういった中で、郷里に集まった家族や親戚の人たちが雑煮やお節料理を味わったり、久しぶりの会話を楽しんだり、近所のお寺や神社にお参りをしたり、おだやかに元日を過ごしていた方が多かったと思います。そこに、地震のすさまじい揺れが襲いかかりました。
　1月1日16時06分、珠洲市を震央とするマグニチュード（M）5.6の地震が発生し、珠洲市で最大震度5強、隣接する輪島市と能登町は震度4の揺れとなりました。そして約4分後の16時10分09秒、珠洲市の地下16キロメートル（km）で岩盤の破壊が始まり、その破壊は輪島市の方向、次いで新潟県佐渡の方向に広がっていきました。最初にカタカタという小さな縦揺れがやってきて、数秒後にはぐらぐらという大きな横揺れになり、地震動は瞬くうちに強くなって1分ほど激しい揺れが続きました。観測された震度は、輪島市と志賀町で最大の震度7、能登地方の広い範囲で震度6以上になりました。
　数千年に一度といわれるM7.6の能登半島地震によって、376人が亡くなり、3人が今もお行方不明で、1335人が重軽傷を負いました。また、家屋は6410棟が全壊、2万2719棟が半壊となるなど、13万1215棟が被害を受けました（いずれも消防庁情報、2024年9月24日現在）。地震で甚大な被害が発生した奥能登の2市2町をはじめ、広い地域で復旧・復興がなかなか進んでおらず、2024年9月21日〜23日には奥能登で豪雨災害が発生し、被災者の方々は苦しい暮らしが長く続いています。

能登半島のほぼ中央部には志賀原子力発電所（原発）1号機と2号機があり、地震が起こるたびにその状況が心配の種になります。能登半島地震が発生した時、両機ともに運転を停止していましたが、設計上の想定を超える加速度を観測し、変圧器からの絶縁油漏れや外部電源5回線のうち2回線で受電不能となるなどのトラブルがあり、津波などをめぐる情報も混乱しました。

　ところで能登半島には、志賀原発から東約25kmに大田火力発電所（火発）1号機と2号機もあります。地震発生時にこの2基は運転中で、激しい揺れを感知して緊急停止しました。その後の設備点検で1、2号機ともボイラー・タービン・発電機などが損傷し、電気集塵機の碍子（がいし）が割れるなどの被害が認められたことから、両機とも長期にわたって運転を停止しました。2号機が運転再開したのは2024年5月10日、1号機は同年7月2日です。

　このように、能登半島の原発と火発のいずれも地震による被害があったのですが、大田火発は話題にのぼることもほとんどありませんでした。これは発電所の地震被害に関する北陸電力の発表（プレスリリース）の違いにも表れていて、原発は1月1日に2回、2日に2回、3日と5日に各1回、7日には4回も発表されるなど、1月中に31回、8月21日時点で計46回の発表がありました。一方、火発の発表は4回（1月4日、3月19日、5月10日、7月2日にそれぞれ1回）にすぎません。この違いは、石川県民の原発への不安の大きさを反映したものといえるでしょう。

　原発が立地する志賀町の町長は能登半島地震の後、「海にも空にも逃げられない」「首長として以前のように安全性をアピールすることはできない」と地元紙インタビューで語りました（北陸中日新聞、2024年2月3日）。被災した住民の心情をふまえた当然の発言だったと思います。

　志賀町長のこの発言が示すように、原発が立地する能登半島でこの地震によって明らかになった最大の問題は、大地震と原発の重大事故が同時に起こったならば、住民の命を守るはずの原子力防災体制がまったく役に立たないということです。

　石川県原子力防災計画には、志賀原発で重大事故が起こったら、多くの

はじめに

人々が自動車でいっせいに避難すると書かれています。ところが能登半島地震では、発災直後にのと里山海道の上下全線や能越自動車道の一部、国道249号線や同415号線をはじめ、多くの道路が通行止めになりました。石川県が通行止めの全容を把握するまで、発災から3日ほどかかっています。

　この地震では道路交通や海上交通の寸断で、奥能登などで14地区が孤立しました。孤立した集落は山間部がほとんどで、法面崩落による土砂堆積・落石・倒木・道路損壊・橋梁段差のため道路が通行不能になり、孤立に至りました。海岸部では、地震による隆起で海上交通が途絶したことも孤立の原因となりました。

　ところで、原発事故が起こったら状況にかかわらずただちに避難するというのは、合理的な判断ではありません。というのは、避難する（＝放射線被曝を避ける行動をする）ことにもリスクがあるからで、これは福島第一原発事故後にたくさんのお年寄りが亡くなってしまったことで明らかになりました。こんなことが起こらないよう、命を守ることができる可能性をできうる限り高めるには、リスクに関する合理的な判断を行う必要があります。そのために自分がいる場所の放射線量（空間線量率）を知ることが不可欠ですが、能登半島地震の発生後に志賀原発以北の多くの観測局でそのデータが得られなくなってしまいました。

　避難することのリスクで命を失ってしまわないために、空間線量率が高い時期などは建物にこもって放射線を遮蔽してやり過ごすほうが、合理的な判断となる場合が少なくありません。ところが能登半島地震では、肝腎の建物が全半壊などの深刻な被害を受けてしまい、そういった選択をすることすら困難になってしまいました。

　能登半島地震は厳冬期に起こりました。そのため避難所では寒さのほか、プライバシー確保が難しい・入浴ができない・食事の支給が少なく物資も十分に行き届かない・感染症が蔓延した、などの深刻な状況になりました。そのような中で、たくさんの災害関連死も起こってしまいました。原発事故時の避難所でも、同様の事態が起こることが危惧されます。

このような能登半島地震の被害状況をつぶさに見れば、15万人もの石川県民が避難するという想定そのものが、まったくの「絵に描いた餅」であるとただちに分かります。

　この本では、2024年元日に発生した能登半島地震はどんな地震で被害はどうだったのか、志賀原発はどのような被災をしたのか、この地震によって原子力防災体制のどんな問題が明らかになったのか、などを検証していきます。その上で、能登半島に原発が建てられていった経過もたどりながら、今後、能登が復興していくという困難な道を進んでいくために、志賀原発をどうすればいいのかを考えます。この本で論ずることは恐らく、日本の他の原発にも当てはまることが少なくないだろうと推測します。

　内容をざっと紹介すると、以下のようになります。
　第1章では、能登半島地震はどのような地震でどんな被害が発生したか、なぜ「数千年に一度の地震」といわれているのかなどについて述べた後、志賀原発を建設する際に活断層が科学的に検討されたか否かを検証します。
　第2章では、能登半島地震による志賀原発の被災状況、志賀原発1号機での臨界事故と制御棒誤動作事故について詳しく説明し、福島第一原発事故後に10年以上停止している志賀原発がどうなっているかについて述べます。
　第3章では、能登半島地震の被災状況と日本の原子力防災体制を対比させ、大地震と原発のシビアアクシデントが同時発生したならば、多くの人たちがいっせいに避難することも屋内退避することも不可能であることを、さまざまなデータをふまえて解明します。
　第4章では、能登半島地震の発生から4か月後に石川県から聞き取りを行ったことをふまえて、原子力防災体制がどう変わったのか、あるいは何が変わっていないのかを検証します。
　第5章では、能登半島地震をふまえて志賀原発を今後、どうすればいいのかを考察します。そのために、原発立地地域と電力消費地の間の格差、

はじめに

原発が建設された地域で起こった問題などにも触れます。

　補章では、能登半島での原発建設の歴史をたどりながら、「原子力施設の社会的必要条件」といわれる地域格差の問題について述べます。さらに、能登半島地震の震央となった珠洲市での原発建設計画の「白紙撤回」もふり返ります。

　地震と豪雨で甚大な被害を受けた能登が一日も早く復興し、被災者の方々が穏やかな暮らしを取り戻していくために、本書が少しでも役に立てればと考えています。

能登と原発
　　　　　　　1.1 地震が実証した 30 年来の提言の意味

目　次

はじめに――この本で伝えたいこと　1

第 1 章　能登半島地震とはどんな地震だったのか　11

第 1 節　能登半島地震の概要　12
　（1）能登半島地震の震度分布と地震活動　13
　（2）最大加速度と最大速度が構造物に大きな被害が出る目安を超えた　15
　（3）約 150km の断層が 1 分ほどかけてずれていった　16
　（4）能登半島地震による人的および住家の被害状況　17
　（5）能登半島地震による津波　20
第 2 節 「数千年に一度の地震」と海岸の隆起　22
　（1）輪島から珠洲にかけて海岸が約 4 m 隆起　22
　（2）輪島市門前町の海岸隆起の状況　24
　（3）なぜ「数千年に一度の地震だった」といえるのか？　26
第 3 節　被災地の状況と江戸時代の地震記録　28
　（1）原発が立地する志賀町の被害状況　28
　（2）震源断層から約 80km 離れた内灘町での液状化被害　29
　（3）1799（寛政 11）年金沢地震の記録と地震考古学　32
第 4 節　海域の活断層が起こす地震への備え　35
　（1）海域での活断層認定のむずかしさ　37
　（2）海底の活断層はしばしば短く認定　37
第 5 節　志賀原発の建設にあたって、活断層は科学的に検討されたのか　38
　（1）断層はどのようなものか　39
　（2）活断層はどのようなものか　40
　（3）変位地形から活断層を認定する　42

（4）原子力の世界でなぜ、活断層が軽視されてきたか　43
（5）北電が「活断層でない」といい続けた富来川南岸断層が動いた　44
（6）旧通産省のお粗末な審査が「あきれて物も言えない」見逃しをした　46
（7）原子炉建屋直下の活断層が、再び「ないもの」にされた　50

第2章　能登半島地震と志賀原発の被害　61

第1節　能登半島地震による志賀原発の被災　62
　（1）設計上の想定を超える加速度を観測　62
　（2）変圧器からの絶縁油漏れ　64
　（3）外部電源5回線のうち2回線で受電不能　66
　（4）非常用ディーゼル発電機の停止　69
　（5）津波などをめぐる情報の混乱　71
第2節　制御棒駆動機構と志賀原発1号機臨界事故　72
　（1）制御棒駆動機構の部品脱落　72
　（2）制御棒駆動機構とはどんなものか　73
　（3）志賀原発臨界事故はどんな事故だったのか　76
　（4）臨界事故発生後、会社ぐるみで隠蔽を決定　78
第3節　臨界事故発覚から3年、志賀1号機で制御棒誤動作事故が連続　79
　（1）半年で立て続けに3回の誤動作　79
　（2）吉井英勝衆議院議員の紹介で原子力安全・保安院から聞き取り　81
　（3）制御棒の動作に信頼性がない！　84
第4節　志賀原発は今、どうなっているか　86
　―長期停止中の状態は、原子炉の蓋を開けた1気圧の下では知りようがない

第3章　能登半島地震が実証した日本の原子力防災体制の問題点　91

第1節　日本の原子力防災体制を振り返る　92
　（1）原発はなぜ、「危ない」といわれるのか　93
　（2）米ソでシビアアクシデントが起こったのに、「日本では起きない」　94

（3）炉心が損傷しても、注水できるようになれば事故はすぐに「収束」？　95
　（4）福島第一原発事故で日本の原子力防災体制は崩壊　97
第2節　福島第一原発事故後に日本の原子力防災体制はどう変わったか　98
　（1）計画区域が「10km」から「30km」に拡大　98
　（2）能登半島の避難道路の多くは脆弱　100
　（3）避難退域時検査場所がボトルネックになる　103
　（4）町内・地区別の避難先にたどり着けるのか　105
第3節「放射線被曝による被害」と「放射線被曝を避けることによる被害」　106
　（1）福島県でなぜ、災害関連死がとても多かったのか　107
　（2）命を守るためには、リスクに関する合理的な判断が欠かせない　109
　　①事故初期は貴ガスからの放射線を建物の中でやり過ごす　109
　　②現在の空間線量率と、今後の放射性物質の拡散予想を知る　110
　　③「周辺の放射線リスクは、避難するリスクより大きいのか否か」を判断する　110
　　④さまざまな対策で放射線量を下げることができる　111
　（3）放射線防護対策を施した屋内退避施設　112
第4節　多くの人々がいっせいに避難するのは不可能だった　115
　（1）通行止めの全容を石川県が把握するまで、発災から3日かかった　115
　（2）原発事故時の避難道路の多くが通行止めに　116
　（3）孤立集落も数多く発生　122
第5節　屋内退避施設も機能を失った　122
　（1）6施設は放射線防護の機能を失った　124
　（2）3〜7日程度の備蓄では足りない　126

第4章　能登半島地震後、石川県の原子力防災体制はどうなったか　133

第1節　石川県原子力防災訓練の視察と改善に向けた提案　134
　（1）原子力防災訓練ではどんなことが行われているか　134
　（2）放射性物質の汚染を椅子が広げてしまう　136
　（3）ポリエチレンろ紙は、ろ紙面を表に敷かなければならない　139
　（4）GMサーベイメータを正しく使わないと、汚染は検知できない　142

第2節　能登半島地震をふまえて石川県の原子力防災体制はどうなったか　145
　（1）「国の対応を見きわめた上」で防災計画や避難計画について対応　145
　（2）地震によって空間線量率のデータが得られなくなった　148
　（3）能登半島地震をふまえて原子力防災訓練はどうなるか　151
　（4）原発事故への対応と同時に地震災害への対応も行うのは不可能　152
　（5）地震による隆起と津波（引き波）で冷却水が取水できなくなったら　154
第3節　能登半島地震をふまえた原子力防災体制を作ることができるのか　156
　（1）能登半島地震をふまえて石川県原子力防災計画は白紙から作り直すべき　156
　（2）「3つの条件」を満たさないと防災体制は実効性を持つものにならない　158
　　① 原発で刻々と変わる事故状況を電力会社が包み隠さず知らせ、それを信じてもらえるような信頼を、日ごろから電力会社が住民から得ているのか否か　158
　　② 道府県・市町村が実効性のある原子力防災計画を持ち、住民がその内容を熟知して、さまざまなケースを想定した訓練がくりかえし行われているのか否か　159
　　③ 放射性物質の放出量・気象状況・災害や感染症などの状況をふまえて、リスクをできるだけ小さくするためにどう行動すればいいか、住民が的確に判断するための準備ができているのか否か　160
　（3）実効性のある原子力防災対策を求めるのは「原発の容認」なのか　161

第5章　能登半島地震をふまえて志賀原発をどうすればいいのか　165

第1節　地域格差と原発の問題を考える　166
　（1）原発が建っている場所と電力を消費する地域　166
　（2）原子力発電は何に電力を供給するためのものか　169
　（3）「道路がほしければ原発を」　171
　（4）原発が来ると産業が"いびつ"になってしまう　172
第2節　志賀原発をどうするか。それをどのように判断するのか　175
　（1）北陸地方の電力供給のために志賀原発は必要なのか　175
　（2）能登が地震の深刻な被害から復興していくうえで原発は障害になる　177
　（3）能登半島地震の被害に対応できる原子力防災計画の作成は不可能　179

補　章　能登半島と原発をめぐる歴史をふり返る　181

第1節　志賀原発はどのように建設されたのか　182
　（1）時代遅れの「小さな出力」　183
　（2）石川県が前面に出て次々と謀略を行った　184
　　　　① 自主的住民投票への介入（1972年5月）　184
　　　　② 土地改良区の「架空の換地総会」（1973年6月）　185
　　　　③ 県が北電の代わりに環境影響調査（1984年）　185
　（3）志賀町に巨額の金をもたらした「打ち出の小槌」　186
第2節　能登での地域の衰退は失政がもたらした　188
　（1）明治〜昭和初期の能登と加賀の格差　189
　（2）能登と加賀の格差は高度経済成長期に拡大　190
　（3）国・県の失政が能登の困難をいっそう拡大　191
　（4）奥能登で相次いだ鉄道廃止と地域の崩壊　192
第3節　珠洲原発計画の「白紙撤回」が示すもの　197
　（1）全国初の行政主導による原発誘致　197
　（2）原発予定地の代理買収と隠蔽工作　199
　（3）珠洲原発計画「白紙撤回」後の深刻な後遺症　200

あとがき　203

著者略歴　205

第1章

能登半島地震とは
どんな地震だったのか

2024年1月1日に発生した「令和6年能登半島地震」（以下、能登半島地震）は、死者376人・負傷者1335人・全壊6410棟・半壊2万2719棟・一部損壊10万2061棟（いずれも2024年9月24日現在）などの甚大な人的および住家被害をもたらしました。[1,2]

　この章では、能登半島地震がどんな地震であったか、それによる被害がどうだったか、「数千年に一度の地震」だとなぜ分かるのかなどについて、筆者が被災地を視察した際に撮影した写真もご紹介しながらお話しします。また、志賀原発を建設する際に、活断層が科学的に検討されたか否かについても検証します。

第1節　能登半島地震の概要

　能登半島地震（気象庁マグニチュード（以下、M）7.6）が起こった2024年1月1日、筆者は昼に家族でお節料理を食べた後、本を読んだりして過ごしていました。夕方4時過ぎ（16時06分頃）、地震の揺れを感じて天井を見ると、電灯のひもがゆらゆらと揺れていました。奥能登で2020年12月から群発地震が続いていて、前年（2023年）5月5日にも大きな地震があったため、[3]「また、奥能登で地震が起こったのかな」と考えてスマートフォンなどで地震情報を見ようとしました。

　すると、緊急速報の大きな音が鳴り始めて、別々の部屋にいた家族が1階の居間に集まってきました。そこへ、これまで経験したことがない激しい揺れがやってきました。石川県では、1993年の能登半島沖地震（同年2月7日22時27分に発生、M6.6）、2007年能登半島地震（同年3月25日9時41分に発生、M6.9）、2023年の奥能登地震（同年5月5日14時42分に発生、M6.5）などがありましたが、今回の揺れはそれらをはるかに超えていました。

　本棚などの家具が激しく揺れ動き、天井につるした電灯の傘も大きな円を描いて揺れ、棚の上に置いたものが次々と落下してきます。揺れはなかなか収まらず、私は呆然とその場に立ち尽くしていたようで、「危ないよ！」

第1章　能登半島地震とはどんな地震だったのか

という妻の声で我に返りました。地震動が収まったのは、1分ほどたった頃でした。本棚から大量の本が落下し、食器棚でもたくさんの食器が倒れていました。「奥能登ではたいへんな被害になっているのではないか」と直感的に思いました。

（1）能登半島地震の震度分布と地震活動

　能登半島地震により、最大震度7を石川県の羽咋郡志賀町香能と輪島市門前町走出で観測し、能登地方の広い範囲で震度6以上の揺れを観測しました。さらに、震度5弱以上を石川県加賀地方・富山県・福井県・新潟県で、北海道から九州地方にかけて日本列島の広い範囲で震度1以上を観測しました（図1-1）。

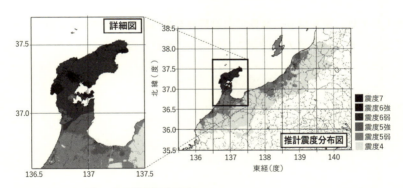

図1-1　能登半島地震の推定震度分布
出典：地震調査研究推進本部地震調査委員会、令和6年能登半島地震の評価、2024年2月9日

　2024年1月1日16時から同日21時までの間に、震度1以上を観測した地震が59回（震度7：1回、震度5強：3回、震度5弱：5回、震度4：14回、震度3：28回、震度2：8回）発生しました。また、大津波警報が石川県能登、津波警報が山形県・新潟県上中下越・佐渡・富山県・石川県

加賀・福井県・兵庫県北部、津波注意報が北海道から佐賀県北部および壱岐・対馬にかけての日本海沿岸などに発表されました。[6]

　図1-2は、2020年12月1日から2024年1月12時までに奥能登やその周辺の日本海で発生した地震の震央（地震発生時に、岩石の破壊現象が最初に起こった点を震源といい、震源の真上の地表を震央といいます）の分布です。[7]

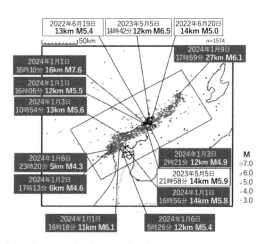

図1-2　能登半島地震の地震活動（震央分布図）

注　：2020年12月1日～2024年1月12時00分、深さ0～30km、M3.0以上の地震。2024年1月1日以降の地震をグレーで表示。吹き出しは最大震度5以上の地震またはM6.0以上の地震
出典：地震調査研究推進本部地震調査委員会、令和6年能登半島地震の評価、2024年1月15日の図を一部改変

　能登半島の北東側の端に近いところに、能登半島地震（2024年1月1日16時10分）の震央があり、同日16時06分に起こった地震の震央もそのすぐ北西側にあります。2022年6月19日と20日、2023年5月5日の2つの地震の震央も、能登半島地震の震央に近接していることがお分かりになると思います。

　一方、能登半島地震の余震の震央は、能登半島の北西端から佐渡の近海まで広がっています。2024年1月1日以降の地震活動域（図1-2のグレーの点の帯）などから、能登半島地震では北東－南西にのびる150キロメー

第1章　能登半島地震とはどんな地震だったのか

トル（km）程度の、主に南東傾斜の逆断層が活動したと推定されています[4]。

（2）最大加速度と最大速度が構造物に大きな被害が出る目安を超えた

　能登半島地震では防災科学技術研究所の7つの観測地点で、地球の重力加速度（約980cm/s²）を超える大きな最大加速度が観測されました[8]（表1-1）。この表をくわしく見るために、地震動（地震波による地面の揺れ）の大きさの指標となる最大加速度・最大速度・計測震度について、かいつまんでご説明します。

表1-1　能登半島地震最大重力加速度上位10観測点

	観測点名	最大加速度 (cm/s²)	最大速度 (cm/s)	計測震度	震度階級
1	K-NET 富来	2828.2	84.4	6.6	7
2	K-NET 輪島	1632.2	104.3	6.2	6強
3	K-NET 大谷	1468.7	110.4	6.2	6強
4	K-NET 穴水	1279.7	149.2	6.5	7
5	KiK-net 富来	1220.5	84.7	5.9	6弱
6	KiK-net 珠洲	1007.0		6.2	6強
7	K-NET 大町	1000.5	105.2	6.3	6強
8	KiK-net 内浦	936.3	115.8	6.3	6強
9	K-NET 正院	917.4	136.7	6.2	6強
10	KiK-net 志賀	803.9	44.7	5.6	6弱

出典：防災科学技術研究所、令和6年能登半島地震による強震動

　地震動は地震計で観測しますが、1つの地震計では一方向の揺れしか計測できないため、通常は3つ（東西、南北、上下。3成分ともいいます）の地震計を組み合わせて観測します。地震動は1秒間に100〜200回（100〜200ヘルツ（Hz））程度で、1〜数分にわたって計測されるため、1回の地震の1観測点のデータは数万個の数字の固まりになります（例えば、3成分×120秒×100Hz＝3万6000）。このようなデータを解析して、誰でもすぐに分かる情報として取り出したのが、最大加速度・最大速度・計測震度です。

　まず最大加速度ですが、加速度は「車が加速する」時のことをイメージするといいでしょう。単位はセンチメートル毎秒毎秒(cm/s²)で、ガル（gal）

ともいいます。1回の地震で観測された加速度の中で、最大の値が最大加速度です。加速度に質量をかけたものが力ですから、地震のインパクト（地震力）を評価する場合は最大加速度が指標になります。

次は最大速度ですが、速度は「車が進む速度」と同じ意味です。単位はセンチメートル毎秒（cm/s）で、カイン（kine）ともいいます。構造物の被害は、最大加速度よりも最大速度と良い相関があるといわれています。

最後の計測震度は、地震の被害や揺れの体感と震度計データを相関させるために使われる指標で、震度計データをデジタル処理してから計算によって得られます（地震波計のデータから計測震度を求める方法は、気象庁が決めていて官報に告示されています）[9]。

ちなみに地震情報などで発表される震度階級は、計測震度から換算したものです。計測震度が 0.5 未満は震度 0、0.5 以上 1.5 未満は震度 1、1.5 以上 2.5 未満は震度 2、2.5 以上 3.5 未満は震度 3、3.5 以上 4.5 未満は震度 4、4.5 以上 5.0 未満は震度 5 弱、5.0 以上 5.5 未満は震度 5 強、5.5 以上 6.0 未満は震度 6 弱、6.0 以上 6.5 未満は震度 6 強、6.5 以上は震度 7 となります[10]。

構造物に大きな被害が出る目安は、最大加速度が $800\mathrm{cm/s^2}$ 以上、最大速度が 100cm/s とされますので、能登半島地震はいずれも大きく超えていました[11]。

（3）約 150km の断層が 1 分ほどかけてずれていった

能登半島地震では、能登半島の北東端に近い珠洲市付近で岩盤の破壊が始まり、破壊は能登半島北西端の輪島市方向と、佐渡の西方沖の 2 方向に向かって平面状に広がっていきました（図1-3）。主な破壊継続時間は約 40 秒であり、岩盤の破壊に伴って発生した衝撃波が周辺に伝わって、地面を揺らしました。奥能登の各地では、地震動が 1 分ほど継続したことが強震動のデータから読み取れます[7,8]。

防災科学技術研究所（K-NET、KiK-net（地中）、F-net（強震計））と気象庁の震度計の 20 観測点で記録された波形記録から、京都大学防災研究所

第1章　能登半島地震とはどんな地震だったのか

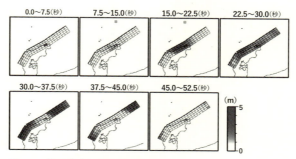

図1-3　能登半島地震の震源過程
出典：防災科学技術研究所、令和6年能登半島地震の震源過程（推定）、2024年1月

は能登半島地震の震源過程を次のように推定しています。

1) 16時10分09秒に地震①による岩盤の破壊が開始した。地震①の断層面は珠洲市付近から輪島市付近までの全長72kmである
2) 地震①のの破壊が終了する前の16時10分22秒に、珠洲市付近で地震②の破壊が開始した。地震②の断層面は珠洲市付近から佐渡西方沖までの全長72kmである
3) 地震①破壊開始の約20秒後から、能登半島北西部のやや浅部で、約4～8メートル（m）の大きなすべりが生じた。能登半島西部での地震動には主に地震①が寄与している
4) 地震②破壊開始の約15秒後から、珠洲の北東沖のやや広い範囲で大きなすべりが生じた

（4）能登半島地震による人的および住家の被害状況

　能登半島地震による人的および住家の被害は9府県で発生し、北陸3県と新潟県で著しい被害となりました（表1-2）。
　石川県は能登地域などで374人（2024年9月24日現在）が亡くなり、1200人以上が負傷し、住家被害は全壊の約6000棟、半壊の約1万8000棟を含む、約8万6000棟に達しました。富山県では14人（富山市、高岡市、

表1-2　能登半島地震による人的および住家の被害状況（全国）

府県	人的被害							住家被害					
	死者	災害関連死	行方不明者	負傷者			合計	全壊	半壊	床上浸水	床下浸水	一部破損	合計
				重傷	軽傷	小計							
	人	人	人	人	人	人	人	棟	棟	棟	棟	棟	棟
石川県	374	147	3	336	876	1,212	1,589	6,047	18,012	6	5	62,324	86,394
富山県				14	42	56	56	255	793			20,603	21,651
福井県				6	6	6	6		12			752	764
新潟県	2	2		8	44	52	54	108	3,902		14	18,360	22,384
長野県												20	20
岐阜県					1	1	1					2	2
愛知県					1	1	1						
大阪府					5	5	5						
兵庫県					2	2	2						
合計	376	149	3	358	977	1,335	1,714	6,410	22,719	6	19	102,061	131,215

出典：消防庁災害対策本部、令和6年能登半島地震による被害及び消防機関等の対応状況、2024年9月24日

表1-3　能登半島地震による人的および住家の被害状況（石川県）

市町	人的被害							住家被害					
	死者	災害関連死	行方不明者	負傷者			合計	全壊	半壊	床上浸水	床下浸水	一部破損	合計
				重傷	軽傷	小計							
	人	人	人	人	人	人	人	棟	棟	棟	棟	棟	棟
輪島市	150	50	3	213	303	516	669	2,287	3,875			4,242	10,404
珠洲市	126	29		47	202	249	375	1,738	2,052			1,753	5,543
穴水町	27	7		32	225	257	284	395	1,291			1,685	3,371
能登町	33	31		27	25	52	85	245	929			4,518	5,692
七尾市	21	16			3	3	24	505	4,681			10,753	15,939
志賀町	12	10		7	97	104	116	557	2,422	6	5	4,429	7,419
中能登町	1	1		1	2	3		55	895			3,211	4,161
羽咋市	1				7	7	8	65	525			3,209	3,799
宝達志水町								12	77			1,661	1,750
かほく市								9	245			2,850	3,104
津幡町				2		2	2	9	82			2,990	3,081
内灘町	1	1		6		6	7	123	558			1,740	2,421
金沢市					9	9	9	31	242			9,028	9,301
野々市市					1	1	1					276	276
白山市	1	1			2	2	3					783	783
川北町												52	52
能美市				1		1	1	1	12			1,873	1,886
小松市	1	1			1	1	2		75			4,564	4,640
加賀市								14	51			2,707	2,772
合計	374	147	3	336	876	1,212	1,589	6,047	18,012	6	5	62,324	86,394

出典：石川県危機対策課、令和6年能登半島地震による人的・建物被害の状況について（第161報）、2024年9月24日

第1章　能登半島地震とはどんな地震だったのか

	人口※1	世帯数※2	高齢化率※2
①輪島市	23,022	9,655	47.6%
②珠洲市	12,197	5,387	52.7%
③穴水町	7,580	3,271	49.9%
④能登町	14,832	6,309	52.0%
⑤七尾市	48,391	20,201	39.6%
⑥志賀町	17,856	7,426	46.5%
⑦中能登町	16,028	6,043	38.0%
⑧羽咋市	19,650	8,015	41.2%
⑨宝達志水町	11,606	4,381	40.7%
⑩かほく市	35,089	13,030	29.5%
⑪津幡町	36,956	13,792	25.1%
⑫内灘町	26,297	10,944	27.6%
⑬金沢市	459,916	208,471	26.6%
⑭野々市市	57,891	27,079	19.8%
⑮白山市	109,693	41,745	28.7%
⑯川北町	6,114	1,953	24.0%
⑰能美市	48,324	18,615	26.5%
⑱小松市	105,006	42,114	28.9%
⑲加賀市	61,379	25,112	36.6%
合計	1,117,827	473,543	29.9%

※1　2022年10月1日推計　　※2　2022年10月1日

図1-4　石川県の各市町の人口、世帯数、高齢化率
出典：石川県統計協会、2022年石川県統計書、2024年3月

　氷見市、射水市）が重傷、42人が軽傷を負い、氷見市で全壊が231棟、半壊が496棟となるなど、約2万棟の住家被害が発生しました。新潟県では2人（新潟市）が亡くなり、8人（新潟市、見附市、長岡市、上越市）が重傷、44人が軽傷を負い、新潟市で全壊が100棟、3822棟が半壊となるなど、約1万8000棟の住家被害が発生しました。福井県では6人（福井市、あわら市、越前町）が軽傷を負い、あわら市などの嶺北地方で住家被害が発生しました。

　表1-3は能登半島地震による、石川県の各市町の人的および住家の被害状況です。各市町の位置は、図1-4をご覧ください。

　能登半島地震により輪島市で150人（うち災害関連死50人）、珠洲市で126人（同29人）、穴水町で27人（同7人）、能登町で33人（同31人）、七尾市で21人（同16人）、志賀町で12人（同10人）、中能登町で1人（同1人）、羽咋市で1人、内灘町で1人（同1人）、白山市で1人（同1人）、小松市で1人（同1人）の計374人（同147人）が亡くなりました。負傷

者は、奥能登の4市町（輪島市、珠洲市、能登町、穴水町）で319人が重傷、755人が軽傷を負うなど、石川県内15市町で1212人に達しました。人家被害は16市町で発生し、福井県に接する加賀市でも14棟が全壊しました。

甚大な被害を受けた奥能登4市町は、石川県内でも高齢化率（総人口に占める65歳以上の人口の割合）が特に高い地域です[19]。

地震前の市町別の住家数に関するデータが見つからなかったので、被害を受けた住家数と世帯数を比較しました。

輪島市・・・世帯数　9665、全壊2287、半壊3875、一部破損　4242
珠洲市・・・世帯数　1731、全壊1738、半壊2052、一部破損　1753
穴水町・・・世帯数　3271、全壊　395、半壊1291、一部破損　1685
能登町・・・世帯数　6309、全壊　245、半壊　929、一部破損　4518
七尾市・・・世帯数　20201、全壊　505、半壊4681、一部破損　10753
志賀町・・・世帯数　7426、全壊　557、半壊2422、一部破損　4429

上記の数字から、輪島市・珠洲市・穴水町は恐らく、ほとんどの住家が地震による被害を受けたものと推測されます。中でも、輪島市の住家被害は深刻であったと考えられます。

（5）能登半島地震による津波

能登半島地震により、北海道から九州にかけての日本海沿岸を中心に、津波が観測されました。また、空中写真や現地観測から、能登半島などの広い地域で津波による浸水が認められ、それらの地域では4m以上の津波遡上高（そじょうこう）が観測されています[20]（表1-4、図1-5）。

日本地理学会の能登半島地震変動地形調査グループの調査によれば、以下のような津波による浸水が発生していました[21]。

・珠洲市南部から能登町東部にかけて、家屋の流失や損壊を伴い、内陸まで津波の浸水が及んでいる様子が集中的に認められた
・輪島市舳倉島（へぐらじま）、志賀町赤崎では、家屋被害をもたらす津波浸水が認め

第1章 能登半島地震とはどんな地震だったのか

表1-4 能登半島地震における調査地点と推定した津波の高さ

県	市町	観測地点名	推定した津波の高さ	津波高の種類	県	市町	観測地点名	推定した津波の高さ	津波高の種類
石川県	珠洲市	飯田港	4.3 m	浸水高	石川県	七尾市	下佐々波漁港	2.4 m	遡上高
		鵜飼漁港	2.7 m	浸水高		輪島市	舳倉島漁港	2.9 m	浸水高
		見附公園	2.9 m	浸水高	富山県	朝日町	宮崎漁港	1.4 m	浸水高
	能登町	恋路海岸	1.7 m	遡上高		射水市	海竜新町	1.5 m	遡上高
		松波漁港	3.1 m	浸水高	新潟県	上越市	柿崎漁港	2.9 m	遡上高
		内浦総合運動公園	4.0 m	浸水高			船見公園	5.8 m	遡上高
		白丸	4.7 m	浸水高			直江津海水浴場	4.5 m	遡上高
		九十九湾	2.2 m	浸水高		佐渡市	羽茂港	3.8 m	浸水高
		宇出津港	1.3 m	浸水高			小木港	1.9 m	浸水高
	七尾市	鵜浦漁港	1.8 m	浸水高					

出典:気象庁、「令和6年能登半島地震」における津波に関する現地調査の結果について、2024年1月26日

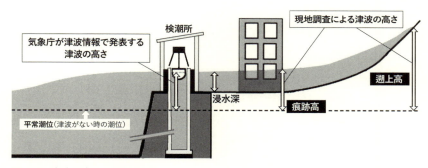

図1-5 津波の高さの説明図

出典:気象庁、「令和6年能登半島地震」における津波に関する現地調査の結果について、2024年1月26日

られた
・能登町南部〜穴水町、七尾市能登島の複数地点では、小規模ながら津波浸水が認められた
・能登半島北岸〜北西岸や七尾市の七尾湾沿岸では、津波の浸水が認められなかった。このような津波浸水の有無は、①沿岸部のもともとの土地の標高の違い、②地震と同時に生じた地盤の隆起量の違い、③海底の地形や波源域との位置関係などの要因によると考えられる
・津波浸水範囲の分布は、地盤の隆起により海岸線が沖へ向かって前進した範囲の分布と相補的な関係になっている
・輪島市舳倉島や志賀町赤崎の赤崎漁港では、標高5mを超える地点ま

で津波が到達した。また、能登町久里川尻では海岸から約700mと最も内陸まで津波が到達していた。さらに、能登町白丸では標高4mを超える地点まで津波が到達し、住宅の流失や損壊といった大きな被害が認められた。その一部は標高5mに達した可能性もある

　石山達也（東京大学地震研究所）らは、志賀原子力発電所周辺の志賀町富来（とぎ）漁港から同安部屋（あぶや）漁港までの区間で、7か所で津波の痕跡を確認しています。[22]

　富来漁港（志賀原発から北北西約9.8km）と福浦（ふくら）漁港（同、北約2.6km）では、漁港内外の倉庫内壁に残された痕跡が津波によることが証言によって確認され、その分布高度からそれぞれ約2.6m、約2.5m（潮位補正前の暫定値、以下同じ）の浸水高が推定されました。赤住（あかすみ）漁港（南）（同、南南東約1.5km）では、倉庫外壁に残された津波痕跡等の高度分布から、浸水高が約2.6mと推定されました。上野（うわの）漁港（同、南南東約5.2km）では漁船の転覆がみられ、漁港内の倉庫内壁に残された痕跡が津波によることが証言によって確認されたほか、漂着物の分布高度等から、約2.0mの遡上高を推定されました。安部屋漁港（同、南南東約6.6km）では、船の転覆が見られたほか、証言から得られた遡上高と漂着物の分布高度から、遡上高は約1.4mと推定されました。

　このように、赤崎漁港（同、北北西約12.7km）から安部屋漁港にかけて断続的に津波痕跡が分布し、遡上高・浸水高は南に向かって減少する傾向が認められました。

第2節「数千年に一度の地震」と海岸の隆起

（1）輪島から珠洲にかけて海岸が約4m隆起

　能登半島地震に伴って、広い範囲で地殻変動が観測されました。人工衛

星「だいち2号」が観測したレーダー画像の解析から、輪島市西部で最大4m程度の隆起、最大2m程度の西向きの変動、珠洲市北部でも最大2m程度の隆起、最大3m程度の西向きの変動が検出されました[23]。また現地調査によって、能登半島北部の広い範囲で隆起により陸化した地域があり[22]、能登半島の北西岸で今回の地震に伴う新たな海成段丘が認められました[24]。海上保安庁も珠洲市北方沖の海底地形調査を行い、その際に得られた海底地形と過去の海底地形を比較した結果、珠洲市北方沖の海底が最大約4m隆起していることが分かりました[25]。

このように、能登半島地震に伴って輪島市西部から珠洲市北方沖に至る広い範囲で、最大4mの隆起が起こったことが分かりました。

海岸が約3.3〜3.4m隆起した輪島市門前町皆月で、地震発生時にここで海釣りをしていた住民が隆起の様子を以下のように目撃していました[26]。

　揺れが襲ってきた。強くなっていく揺れに、立っていられなくなり、砂浜の上で腰を落として踏ん張った。
　2〜3分ほど経っただろうか。海の方を振り返り、目を疑った。海だったはずの目の前が、海藻が付いた赤茶色っぽい岩で埋め尽くされていた。「引き波だ！ これだけ引けば、10m以上の大津波が来るのではないか」。そう直感した。しばらくして、津波のような白波が見えたが、その波は波消しブロックを越えることはなかった。
　1時間ほど経っても波消しブロックの内側の水は、なくなったままだった。次の朝、海を見ると水は戻っていなかった。

宍倉正展（産業技術総合研究所）は、能登半島地震に伴う海岸の隆起は岩盤の破壊が続いた30〜40秒で一気に起こり、上記の証言は「実際に短時間で隆起したという事実を表しており、重要な意味を持っている」と述べています[26]。

図1-6は、宍倉正展らが輪島市門前町鹿磯で現地調査した結果で、左の写真は隆起した波食棚（主として潮間帯にある平滑な岩床面）、右の図は地震による隆起で新たに形成された海成段丘（海面の高さが一定の間安定して

 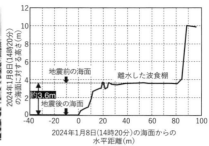

図1-6 隆起した波食棚前面の崖の様子（鹿磯漁港の北）【左】と今回の地震による隆起で形成された海成段丘の地形断面【右】

出典：宍倉正展ら、2024年能登半島地震の緊急調査報告（海岸の隆起調査）、
　　　産業技術総合研究所（2024）を一部改変

いると、その海面に対応した地形が形成されます。その地形が離水すると、平坦な段丘面と急な階段状の地形が形成され、これを海成段丘といいます）の断面です。地震の前後で海面が約3.6m下がったように描かれていますが、実際は海面の高さは変化していないので、波食棚が地震に伴って約3.6m隆起したわけです。

図1-7は能登半島地震震源域の西部で、現地調査によって海岸隆起が認められた地点とそこでの隆起量を示します。輪島市門前町五十洲の隆起量が約4.1mで最も大きく、南に行くにしたがって隆起量は小さくなり、五十洲から約40km南では隆起は認められませんでした。

（2）輪島市門前町の海岸隆起の状況

筆者は2024年4月14日に輪島市門前町大泊、同年6月1日に同町赤神・黒島・鹿磯に行き、海岸隆起の状況を視察してきました（図1-8）。

鹿磯（図1-8①）では隆起（約3.6m）によって、漁港の防波堤の内部が広い範囲で陸化していました。地震前は①左の写真の→で示した岸壁（物揚場）のすぐ下が、海面だったと思われます。黒島（図1-8②）では、漁港の防波堤の内部が隆起（約3.2m）に伴って完全に干上がり（左）、漁港の南側でも地震前は海だったところが、広い範囲で陸化していました（右）。

第 1 章　能登半島地震とはどんな地震だったのか

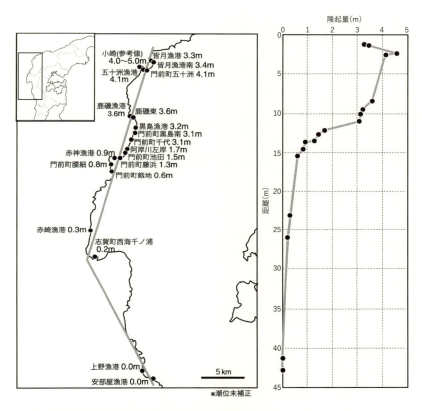

図1-7　能登半島地震震源域の西部での海岸隆起
出典：地震調査研究推進本部地震調査委員会、令和6年能登半島地震の評価、2024年1月15日の図

鹿磯と黒島のいずれも今後、漁港として使えるようになるまで復旧するのは、とても困難だと思われました。

　赤神（図1-8③）では、隆起（約0.9m）によって離水した白い岩礁が広がっていました（右）。これは、カルシウムを豊富に含む海藻が、離水によって枯死したためと考えられます。ちなみに2015年4月に同じ場所で撮影した写真では、白い岩礁は認められませんでした。赤神漁港の岸壁には漁船が横付けされていましたが、岸壁には生物の遺骸がたくさん認められ、

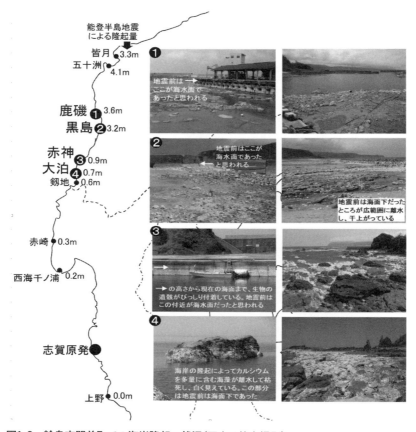

図1-8 輪島市門前町での海岸隆起の状況(写真は筆者撮影)

能登半島地震前は海面下だったところが離水したと思われました(左)。

大泊(図1-8 ④)でも隆起(約0.7m)によって離水し、白化した岩礁が広がっていました。その上にはムラサキウニ、オオヘビガイ、トコブシなどの遺骸があちこちにありました。右の写真の右奥に「トトロ岩」が写っていますが、能登半島地震によって左の耳が欠けてしまっていました。

(3) なぜ「数千年に一度の地震だった」といえるのか？

第1章　能登半島地震とはどんな地震だったのか

　能登半島地震は、数千年に一度の大地震だったといわれています。なぜ、そのようにいえるのかを考えるため、能登半島北部の地形を見てみることにします（図1-9）。

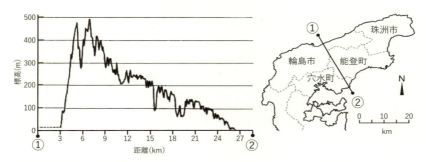

図1-9　能登半島北部の標高分布
出典：国土地理院、地形図から作成

　この図は、輪島市北部の日本海に面した海岸線のほぼ中央の約3km沖（①）から、穴水町南部の七尾湾に面した海岸線の能登町に近いところの約3km沖（②）の間に直線を引き、断面の標高を示したものです。

　①から約3kmのところが海岸で、ここから急激に標高が高くなって5〜7kmくらいでピーク（約500m）になり、ピークをすぎると南に向かってなだらかに低くなっていくのがお分かりになると思います。なぜ、このような地形ができたのでしょうか。実は地震が関わっているのです。

　今回の能登半島地震は、半島のすぐ北側の海底にある複数の活断層が活動して起こったもので、この地震に伴って活断層の南側の海岸が隆起しました。このような地震がくり返し起こって、そのたびに活断層の南側が隆起し、それが積み重なっていって能登半島は図1-9のような地形になったのです。

　今から13〜12万年前（最終間氷期）に能登半島北部で海岸線だったところは、現在は珠洲市の北では75〜109m、珠洲市と輪島市の境界付近では74〜99mの標高の海成中位段丘になっています。ということは、13〜12万年前から現在までの平均隆起量は、1年あたりで約0.6〜0.9mm

（0.6〜0.9mm/年）と計算できます。[28] 能登半島北部では海成低位段丘（標高10m以下）の隆起速度も調べられていて、0.9〜1.5mm/年という値が得られています。[29]

能登半島地震では最大約4m（= 4000mm）の隆起が見られましたから、これを0.9mm/年で割ると約4400年、1.5mm/年で割ると約2700年という値が得られます。隆起は毎年0.9mmとか1.5mmといった速度でじわじわ起こっているのではなく、地震が起こった時に一気に隆起するわけです。したがって、ここで得られた約4400年とか約2700年という値は、「この間隔で1回の大地震が起こって、約4mの隆起が起こった」ということを意味します。

能登半島地震は数千年に一度の大地震だった、ということはこうした計算によって求められました。

第3節　被災地の状況と江戸時代の地震記録

（1）原発が立地する志賀町の被害状況

志賀原発から約9km北の志賀町富来地区では、13〜12万年前の海岸線にあたる海成中位段丘の標高が急変するという地形の異常が認められています。太田陽子（横浜国立大学）らはこれを説明するために富来川南岸断層という活断層の存在を指摘し、渡辺満久（東洋大学）らはその存在を確認しました。[30] 富来川南岸断層の活動性については、さまざまな研究が積み重ねられてきました。[31] これに対して北陸電力は、富来川南岸断層の活動性を否定してきました。[32]

鈴木康弘（名古屋大学）と渡辺満久は能登半島地震後の2024年1月13〜14日、富来周辺で現地調査を行って富来川南岸断層に沿った地表地震断層を発見しました。見つかった地表変形は、上下変位量は概ね50cm程度で10〜数10cm程度の左横ずれを伴っていて、断層の周辺では著しい家屋被害が生じていました。富来川南岸断層の北西部にあたる富来川河口

の南岸で、領家漁港付近の隆起が認められたため、鈴木らはこの断層が海域へ続いている可能性があると指摘しました[33]。

鈴木・渡辺の調査結果をふまえて、筆者は2024年4月14日、富来川南岸断層の真上にある志賀町東小室（志賀原発の北北東約9.5km）と同町富来地頭（同、北約8.5km）の住家などの被害状況を視察しました。また、同断層から2～5kmほど離れた同町相神（同、北約10.5km）、同町小窪（同、北北西約13.1km）でも視察を行いました（図1-10）。

東小室（図1-10①）の左上・右上・右下では、家屋の2階が1階を押し潰しています。また、2階のガラスがほとんど割れていないのも目に留まりました。奥能登の家は、釉薬を厚く塗り重ねて焼いて雪を滑りやすくした重い瓦で屋根をふき、（襖を開け放して冠婚葬祭などをするために）部屋の壁が少ない間取りが多く、しかも1981年の建築基準法改正前に建てたと思われる古い家が多いため、このような潰れ方をしているのではないかと考えました。

富来地頭（図1-10②）でも、家屋の2階が1階を押し潰しているのが目に留まりました（左）。また、土蔵などの壁が骨組みごと崩落しているのが数多く見られました（右）。土蔵の屋根は、蔵と結合せずに乗せただけであるため、地震動によって屋根と蔵がずれてしまったものもありました。

相神（図1-10③）では、相見神社の狛犬・灯篭・鳥居などが倒壊したままになっていました。小窪（図1-10④）では家屋が倒壊して道を塞いだため、道の部分だけ撤去して家屋は手つかずの状態であるのが目に留まりました

鈴木・渡辺が「断層周辺では著しい家屋被害が生じている」と指摘した通り、家屋の被害状況を能登半島地震の震源断層により近い相神・小窪と比べると、富来川南岸断層の真上の東小室・富来地頭のほうが深刻であると思われました。

（2）震源断層から約80km離れた内灘町での液状化被害

能登半島地震に伴って内灘町などで液状化現象が起こり、同町西荒屋で甚大な被害が発生しました。ここは能登半島地震の震源断層の西端（輪島

市北西部）から、直線距離で約80km離れています。

筆者は2024年4月13日、内灘町西荒屋で道路や住家などの液状化による被害状況を視察しました（図1-11）。

図1-11の①では、能登半島地震に伴う液状化現象によって、道路が膨

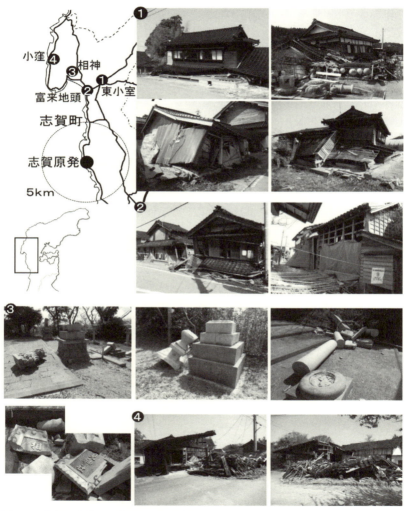

図1-10　志賀町富来での家屋などの被害状況(写真は筆者)

らんで波打ったり電柱が傾いたりしているのが分かります。①の左側が内灘砂丘で、左に進むにしたがって標高が高くなります。砂丘から河北潟(図1-11では河北潟は狭い範囲になっていますが、干拓前には西荒屋は潟に面していました。かほく市から西荒屋まで延びている水路は、潟の岸だったところです)に向かって側方流動(液状化に伴って表層が側方に移動する現象)が起こり、液状化した砂層が押し寄せたためにこうした被害が起こりました。③と④

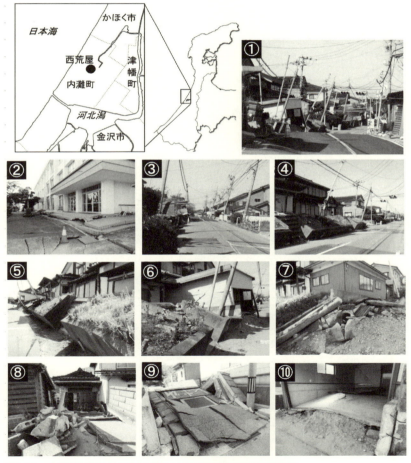

図1-11　内灘町西荒屋での液状化による被害状況(写真は筆者)

でも電柱が河北潟の方向に傾いているのが分かり、③では道路の中央部が膨らんでいます。

②は西荒屋小学校の校舎で、建物と地盤の間に亀裂が入っています。⑤と⑥では、側方流動で押し寄せた砂層が家の下に入り込み、家の前の花壇を道路側に押し出して40°くらい傾かせています。⑦と⑧は押し寄せた砂が家の周辺を持ち上げて、構造物を破壊しています。⑨では道路のアスファルトを押し上げて破壊している様子が、⑩では車庫の下に砂が入り込んで床面が撓んでいるのが分かります。

これらの写真を撮った西荒屋小学校周辺は、造成時に掘削された地盤の上に埋め土が載っており、埋め土全体が側方流動した可能性が指摘されています。[34]

（3）1799（寛政11）年金沢地震の記録と地震考古学

金沢市の北西には河北潟があり、それに面する内灘砂丘には図1-12のように集落がならんでいます。江戸時代にはこの砂丘に、黒津船大明神（内灘町宮坂）を中心に、宮腰・粟ヶ崎・本根布・大根布・宮坂・荒屋・室・大崎・内日角に集落が発達していました。1799年6月29日午後4時に発生した地震（寛政金沢地震）によって、この一帯は大きな被害を受けました。その様子を、加賀藩の侍だった津田政隣（1755～1814年）は『政隣記』に、学者であった森田平次（1823～1908年）は『北国地震記』に、以下のように克明に書き残しています。[35]

> 黒津船神社の神主である斎藤氏宅（宮坂）では、神主と次男・娘・下女・小者が崩れた砂に埋まって死亡したが、妻だけは幼い子を懐に入れて逃げ出し九死に一生を得た。粟ヶ崎では13軒が潰れ、地面が最大4、5間（1間＝1.82m）の長さで割れて水が吹き出した。宮坂の家屋8軒のうち6軒が砂に深く埋もれ、妻子の死骸を取り出すこともできなかった。荒屋や根布などでも多くの家が潰れた。
> 宮坂でも夥しい数の家が潰れた。道端の大きな石の脇で休んでいた人の話

第1章　能登半島地震とはどんな地震だったのか

では、その石が地中に沈んだように見え、松並木が倒れんばかりに揺れたそうである。粟ヶ崎宮では左右の地面が崩れ、下にあった百姓家を残らず押し倒した。

大崎・荒屋・宮坂・根布の東側の潟中には、長さ100〜200間の細長い島が吹き出した。

1799年の寛政金沢地震で著しい被害があった地域（宮腰〜内日角）は、能登半島地震で液状化被害が起こった地域と、多くが重なっています。『政隣記』と『北国地震記』の記述からは、砂丘の砂が潟へ大きく崩れ落ちたり（側方流動）、噴砂（液状化現象の一種で、砂や水が地面に噴き出す現象）が生じていたりしたことが読み取れます。

1799年の寛政金沢地震による液状化現象の跡が、金沢市金石の近くにある普正寺高畠遺跡で1989年に見つかりました。金石は、宮腰（図1-12）と大野が江戸時代末期に合併した地名で、JR金沢駅から北方約6kmの海岸沿いにあります。

普正寺高畠遺跡を発掘したところ、江戸時代以前の粘土層を引き裂いて、灰色の砂がびっしり詰まった砂脈が何本も並行しているのが見つかり、砂脈の大きいものは幅が30cmほどありました。その後の研究で、この液状化跡に考古学的に合致する地震は、寛政金沢地震だけであることが分か

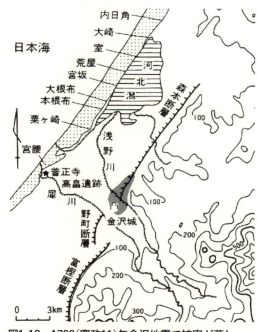

図1-12　1799（寛政11）年金沢地震で被害が著しかった地域と活断層系

注：太い実線が活断層で、ケバで示す側が相対的に下降。粗いアミは砂丘地域。細かいアミは地震動が激しかったことが確実な地域
出典：寒川 旭、地震考古学、中公新書（1992）

りました。

　『政隣記』には、著しい液状化現象が生じたことを推定させる記述が多いことが知られていますが、普正寺高畠遺跡で地震跡が発見されたことは、津田政隣の記述が自然科学的にも信頼できることを実証したといえるでしょう。

　このように考古学の遺跡に刻まれた地震痕跡から地震を研究する分野は、地震考古学といわれています。地震考古学は寒川旭が1988年に提唱したもので、地震痕跡と遺跡・遺物との関係から地震の発生年代を絞り込むことができます。また、活断層から発生した地震について、周辺の遺跡で地震痕跡を観察することで災害の様子を知ることができ、古文書の記録と合わせることで地震の全体像をつかむことも可能になります。

　類似した手法で、能登半島地震で津波被害を受けた石川県珠洲市と富山県沿岸が、約2500年前にも大津波に襲われていたことが、卜部厚志（新潟大学）によって明らかになっています。

　卜部は2015年に石川県と富山県でボーリング調査を行い、珠洲市で①約2500～2000年前、②約2000～1800年前、③9～10世紀の少なくとも3回、富山県沿岸では①約7900～7800年前、②約4700～4500年前、③約2700～2500年前、④13世紀の少なくとも4回、津波があったことを示す砂層を発見しました。

　堆積物の状況から、両県とも約2500年前の津波が最も大きかったと考えられ、同時期の堆積物は珠洲市、富山県射水市・黒部市など広範囲に分布していました。黒部市では沿岸部が長期間、水没していた跡も見つかりました。卜部は、すべての地点の津波が同じ地震によるものかは断定できないが、富山県沿岸より珠洲市側のほうが津波浸水域は大きかったと考えられ、能登半島地震の状況と一致していると述べています。

　宍倉正展らは能登半島地震の前から、能登半島北部の沿岸でヤッコカンザシ（満潮の時に海面下、干潮の時に海面上になる場所（潮間帯）に棲んでいるゴカイの仲間）などの生物遺骸群集が分布する高度を調べることによって、海成段丘の形成を研究してきました。この研究によって、標高10m以下の海成低位段丘面が少なくとも3段あることが分かっており、今回の

第1章　能登半島地震とはどんな地震だったのか

地震では4段目が形成されました。

宍倉は、①3段の海成段丘（隆起量は1～3m）を形成した地震は、今回の能登半島地震と同じようにM7を超えるものと推測される、②3段の海成低位段丘のうち、一番上にある最も古いものは6000年前以降にできたと考えられる、③千～数千年の間隔で、今回のような規模の地震が起こって地盤が隆起し、海成段丘ができる。隆起量から考えると、今回の地震による隆起は、6000年前以降で最大の隆起であった可能性がある、と述べています[39]。

第4節　海域の活断層が起こす地震への備え

政府の地震調査研究推進本部のホームページには、全国の主要活断層の評価結果が載っていて、北陸地方では森本・冨樫断層帯（石川県）と砺波平野断層帯・呉羽山断層帯（富山県）が、「Sランク」（地震発生確率が高い（30年以内に3％以上））と評価されています[40]。ところがここには、能登半島地震の震源断層は載っていません。なぜかというと、「陸域の断層ではない」からです。

能登半島地震は、能登半島の北岸に沿った約150kmの海底活断層が活動して起こりました。国土交通省が2014年9月に発表した「日本海における大規模地震に関する調査検討会報告書」には、能登半島北部に「F43断層」が想定されており、能登半島地震を引き起こした海底活断層と概ね重なっています[41]（図1-13）。

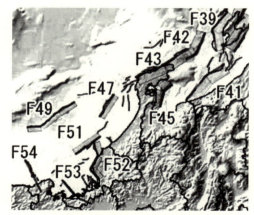

図1-13　日本海(北陸周辺)の海底活断層

出典：国土交通省、日本海における大規模地震に関する調査検討会 報告(概要)、2014年9月

日本活断層学会の鈴木康弘会長は、「M7級想定できた－沿岸活断層、認定急げ」と題した問題提起を発表し、その中で「能登半島北岸の直線的な海岸線が、沿岸の海底にある活断層の活動によってできたものであることを知る研究者は多かった。地震は当然想定されるべきだったが、それができず不意打ちの形になってしまった」と指摘しました[42]。なぜ能登半島地震の発生が、「不意打ちの形」になってしまったのでしょうか。

（１）海域での活断層認定のむずかしさ

　ところで、活断層はどのようなものかというと、「最近の地質時代にくりかえし活動し、将来も活動することが推定される断層を、活断層という」と定義されています。すなわち活断層とは、いつか再び動くであろうと判断されるものをいいます。その判断の目安となる第一のことは、近い過去に活動したかどうかです。近い過去とは何万年前まで遡るかは、研究者によって多少の違いがあって、約50万年前とか約100万年前などの意見もありますが、活断層研究会編『新編　日本の活断層』は地質時代の区切りである第四紀（約200万年前から現在までの間）に動いたとみなされる断層を活断層として扱っています[43]。

　それでは活断層の認定はどのように行われるかというと、「地下深部に断層運動を想定しなければ物理的に説明しえない現象」を見逃さないこと、が基本になっています。地震の規模がある程度大きく、震源の深さが浅い地震では、震源断層の一部が地表面に姿を現して数mほどのずれや食い違いが地表に生じます。こうしたずれや食い違いは能登半島地震でも見出されていて、地表地震断層といいます。地表地震断層による地形のずれは元には戻らず、数百〜数千年後に同じ断層に沿って断層活動が再び起これば、地表地震断層のずれが積み重なっていきます。このようなずれが蓄積することによって、断層にしか作れない特異な地形（変位地形）が形成されるようになります。すなわち活断層の認定とは、変位地形を探し出すことが第一歩となるわけです[44,45]。

　活断層の発見・認定にあたっては、活断層に伴う変位地形をもれなく見

出すことが必要となり、そのためのもっとも重要な手法は空中写真による地形の判読です。ところで海域の活断層は空中写真を撮ることはできませんが、どうやって変位地形を見出すかというと、音波探査によって行います。

　音波探査を行うには、調査船の後部に音源となるエアガンと反射音を受信するハイドロフォンを曳航して、一定の速度で船を走らせます。エアガンは海面直下にあって、ここから音波パルスが数〜数10秒間隔で海底に向かって発せられ、海底やその下の地層からの反射音をハイドロフォンが受けます。海水や海底の堆積物では音波はあまり減衰しないので、海底下の深いところまで音波は伝わって反射するため、海底下の断面イメージを描くことができるわけです。

　とはいえ、能登半島北岸のように海岸近くにある活断層は、音波探査で調べることは難しいとされています。陸地に近い浅い海では雑音が多く、深い海のように精度よく探査するのは難しいのと、定置網があったり船が行き来したりするなど、漁業への影響も懸念されるからです。活断層であるかどうかを判断できる新しい堆積物が薄いため、見極めが難しいという問題もあります。

　鈴木康弘はこうした問題をふまえて、「最近は、海底でも陸上と同じように地形から活断層を認定する技術が進んだ。能登半島では後藤秀昭・広島大准教授らが調査し、北岸をほぼ東西に走る長大な海底活断層の存在を指摘していた。これが今回の地震を起こした断層とみられるが、いまだに音波探査による地質調査が重視され、後藤氏らの結果は活断層図に反映されていない」と指摘しました。

　こうしたことによって、能登半島地震の発生は「不意打ちの形」になってしまいました。

（2）海底の活断層はしばしば短く認定

　鈴木康弘はさらに、「もうひとつ問題がある。海底活断層は短く認定されがちで、能登半島北岸沖にある断層の長さも20km程度の短い断層に分

割されるとされていた。短い断層は大きな地震を起こさないとされるため、大地震の危険性を見逃すことになる」と指摘しています[42]。

例えば、新潟県中越沖地震（2007年7月16日に発生、M6.8）も海底活断層によるものでしたが、東京電力は震源域に顕著な活断層はないと認定し、政府の審査でもこれが追認されてきました。震源海域の海底地形を判読することによって、約30〜50km程度の長さの活断層が認定され、M7.3〜7.5程度の地震が想定されたにもかかわらず、柏崎刈羽原発の政府の審査では音波探査が過度に重視され、その結果、大幅な過小評価になってしまったのです。

2007年の能登半島地震の震源断層でも、北陸電力は過小評価を行っていました。この地震を起こした海底活断層は長さ20km程度で、志賀原発の北西18km付近にあり、北電が志賀原発建設時に行った音波探査調査によってその存在は確認されていました。しかし北電は、この断層を長さ6〜7km程度の短い断層に3分割して、全体が同時に動くことはないとしました。2007年能登半島地震によって、この判断は不適切だったことが明らかになったのです[47,48]。

第5節　志賀原発の建設にあたって、活断層は科学的に検討されたのか

活断層をめぐって2012年7月、北電を大慌てにさせる問題が起こりました。原子力安全・保安院（当時）が7月17日に行った志賀原発に関する意見聴取会で、同原発1号機の原子炉建屋直下の「S-1」断層に関して、委員から「活断層そのものではないか」、「よくこんなのが審査を通ったな。あきれて物も言えない」、「断層がずれて若い地層が変形を被った可能性が高い」と次々と指摘されたのです。保安院は翌18日、北電に対してこの断層の再調査を指示しました[49,50,51]。

この節では、なぜ「あきれて物も言えない」ことが起こったのか、そもそも志賀原発の建設にあたって活断層はどのように検討されたのか、ある

第1章　能登半島地震とはどんな地震だったのか

いはされなかったのかを検証します。

（1）断層はどのようなものか

　検証に入る前に、断層や活断層などについてご説明します。[52]
　まず断層ですが、これは2つの岩体が1つの面を境にして相対的にずれる現象のことをいいます。抽象化して表すと、図1-14のようになります。2つのブロックがずれ変位をおこして、互いに接している面は断層面といいます。また、断層面と地表面が交わる線は、断層線といいます。

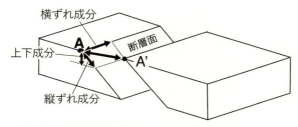

図1-14　断層の模式図
出典：活断層研究会編、新編 日本の活断層、東京大学出版会（1991）

　ずれ変位は、断層面の上にベクトルで考えることができます。図1-14で、ずれ変位が起きる前はAとA'が互いに接していてA側が動いていないとすると、変位のベクトルは（$\overrightarrow{AA'}$）となります。逆にA'側が動いていないと仮定することもできるので、この場合の変位のベクトルは逆向きの（$\overrightarrow{A'A}$）となります。
　図1-14に示すように断層面上の変位ベクトルは、走向方向と傾斜方向の2つの成分に分けることができ、前者は横ずれ成分（走向移動成分）、後者を縦ずれ成分（傾斜移動成分）といいます。もし横ずれ成分のほうが大きければ、この断層は横ずれ断層といい、縦ずれ成分のほうが大きければ縦ずれ断層といいます。

横ずれ断層はさらに、図 1-14 のように A から見て A' が左に（または A' から見て A が左へ）動いたものを左横ずれ断層といいます。逆に、A から見て A' が右に（または A' から見て A が右へ）動いたものを右横ずれ断層といいます。

縦ずれ断層は、図 1-14 のように断層面の傾き下がる方向へ A' 側が相対的に下がるものを正断層、その逆向きで、断層面の傾き下がる方向へ A 側が相対的に下がるものを逆断層といいます。[52]

（2）活断層はどのようなものか

活断層とは、最近の地質時代にくり返して活動し、将来も活動することが推定される断層のことです。すなわち活断層とは、いつか再び動くであろうと判断される断層のことをいい、現実に活動しつつある断層ということではありません。

「いつか再び動くであろう」と判断する目安の第一は、近い過去に活動したのか否かです。近い過去がいったい何万年前をいうのかは研究者によって多少の違いがあり、約 50 万年前とか約 100 万年前といった意見もありますが、ここで参考にした文献は「地質年代の区切りである第四紀、つまり約 200 万年前から現在までの間に、動いたとみなされる断層」を活断層として扱っています。[52] なお原子力の世界では、現在の基準では「約 13～12 万年前（後期更新世以降）から現在」、[53,54]旧基準では「約 5 万年前から現在」[55]の間に動いたとみなされる断層を活断層としていて、近い過去を非常に短い期間に限定しています。

本節の (1) では、横ずれ断層と縦ずれ断層がさらに 2 つずつに分類できると書きましたが、これを模式的にまとめると図 1-15 のようになります。

この図から分かるように、活断層は一般に地形を食い違わせていて、縦ずれの場合は高さが食い違い、横ずれの場合は平面的な位置が食い違います。こうした食い違いはいずれも、地形的な特徴となって地表面に現れます。

こうした食い違いの痕跡は、現在に近い時期に活動したものほど明瞭に

第1章　能登半島地震とはどんな地震だったのか

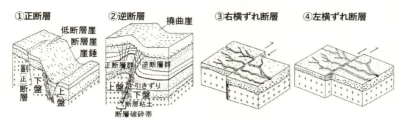

図1-15　活断層の模式図
出典:活断層研究会編、新編 日本の活断層、東京大学出版会 (1991) を一部改変

なります。なぜならば、古い時期にこのような食い違いを起こしたとしても、その後に活動がなければ、食い違いは浸食や堆積の作用によって次第に不明瞭になっていき、ついにはその痕跡がかき消されてしまうからです。活断層でない断層は、そのようにして地表面の特徴がなくなってしまうことが多いのです。

　図1-15には、活断層に伴ういろいろな変位地形の一部が示されています。

　地下の断層運動が地表、または地表の近くまで及ぶと、地表は切断されたり、傾いて撓んだりします。このようにして、断層運動によって地表に生じた比較的急な斜面や崖のことを、変動崖といいます。変動崖のうち、地表面が切断されて上下に食い違いが生じたものは断層崖（①）、撓みによって生じたものは撓曲崖（②）といいます。

　上下の高度差（比高）の大きな断層崖は、過去のある長期間（例えば第四紀の100万年とか200万年とかの間）に、徐々に比高が増したものです。とはいえ、その間に崖の上部は浸食されていき、崖の麓も堆積作用が行われますから、比高はその分だけ小さくなります。

　一方、比高の小さな（通常は数十m以下の）断層崖を、低断層崖といいます。低断層崖は新鮮で比較的平滑な崖面を持っていて、多くの場合は段丘面や緩斜面などの比較的平坦な面を変位させていますので、規模が小さいのに崖地形が明瞭です。したがって低断層崖は、活断層であることを知るよい手がかりになります。

（3）変位地形から活断層を認定する

　図 1-16 は、右横ずれ断層（図 1-15 の③）の活動によって生じる変位地形を示しています。活断層を発見して認定するためには、このような変位地形をもれなく見つけることが必要です。そのためには、空中写真（航空写真）による地形の判読がもっとも重要な手段となります。

　活断層が変位を起こせば地表に明瞭なずれが生じて、その痕跡は地表に残ります。したがって、歴史時代に活動の記録がない活断層も含めて、このような痕跡を空中写真から見出すことができれば、活断層が広域的にどのように分布しているのかも解明できます。このようなやり方を変動地形学的手法といい、目の前に広がる地形がどのような成因によって形成されたのかを明らかにすることによって、活断層の存在を見抜くわけです。変動地形学的手法は、日本や世界でその有効性が確認されていて、地震地質学とともに活断層研究を支える両輪となっています。

　活断層の調査を変動地形学的手法によって行うには、多様な地形はどういう形態と分布を持っていて、どのような過程を経て現在に至ったのか（地形発達史）を、最初に明らかにします。次にそれを手がかりにして、断層変位によって形づくられた地形があるか否かを明らかにして、断層運動が起こっていなければ説明できないような「地形の異常」を抽出します。そのため、空中写真による地形の判読を丁寧に行えば、地質調査をしなくても地形から判断することができる場合があります。

　ところが原子力土木の分野では、変動地形学的手法の導入が遅れただけでなく、「活断層が存在する"かもしれない"」といったレベルの情報しか得られない調査を長年にわたって続けてきました。地形はあくまでも参考で、活断層であるか否かを決めるのは地質調査だというやり方に固執してきたことが、「あきれて物も言えない」ことが起こしてしまった背景にありました。[52,56]

第1章　能登半島地震とはどんな地震だったのか

図1-16　右横ずれ断層による変位地形の例
　B:三角末端面, C:低断層崖, D:断層池, E:ふくらみ, F:断層鞍部, G:地溝,
　H:横ずれ谷, I:閉塞丘, J:截頭谷, K:風隙, L-L':山麓線のくいちがい,
　M-M':段丘崖(M, M')のくいちがい, Q:堰止め性の池.

出典：活断層研究会編、新編 日本の活断層、東京大学出版会 (1991)

（4）原子力の世界でなぜ、活断層が軽視されてきたか

　能登半島地震が数千年に一度の大地震だったといわれているように（第1章第2節（3））、ある特定の活断層がずれるのはまれなことです。ところが原発では、大地震が引き金になってシビアアクシデントが起きれば、取り返しのつかない災禍になってしまいます。数千年に一度であっても、活断層はいつか必ずずれるのですから、原発の建設にあたって活断層が軽視されることがあってはなりません。

　ところが活断層はずっと軽視されてきました。その背景の一つに、科学史の問題があります。原子力基本法が制定されたのは1955年、原子炉立地審査指針が制定されたのは1964年であり、日本での原発開発は1950年から進んでいって、商業用原発の立地は1960〜70年代に集中しました。一方、日本での活断層研究は大正時代に始まったものの、活動した時期やずれの量を特定する実証的な研究が確立したのは1960年代後半から1970年代以降のことでした。したがって原発の建設が始まった時期には、活断層研究の進歩が十分に間に合っていたとはいえません。

ところが実証的な活断層研究法が確立した後も、原子力の世界では相変わらず活断層の軽視が続きました。その背景には、活断層調査と審査体制の問題があります。能登半島地震で富来川南岸断層が活動したこと（第1章第3節（1））を明らかにした鈴木康弘はこの問題について、以下の3点を指摘しています[56]。

　　第一に、原発建設のための活断層調査が、立地場所を決めるための立地審査の段階には行われず、施設の詳細な配置やどこまで強く作るかを決める耐震審査の中で、初めて行われる。すでに設置地点が決められてしまってから活断層調査が行われるため、立地地点の選定に調査結果を生かすことができない。そればかりか活断層をなるべく見付けたくないという心理すら働きかねない
　　第二に、調査は事業者だけが行い、第三者による検証が行われないという問題がある。電力会社には活断層や地震の専門家はほとんどいない。高度な専門性と積極的なスタンスがなければ、決して活断層の証拠を確認することはできない
　　第三に、旧保安院と旧安全委員会における審査は、基本的に事業者が作成した報告書の内容のみをチェックし、審査委員自らが生データを検証する形式ではなかった。事業者から説明されるデータは結論が先にあり、主張に沿って展開される。その内容に誤りがあると気づくためには、審査委員自身が独自に資料を精査する必要があるが、従来の審査体制はそこまでを求めなかった

　このような活断層調査と審査体制の問題は、志賀原発でも活断層の"見逃し"をもたらしました。

（5）北電が「活断層でない」といい続けた富来川南岸断層が動いた

　能登半島には数多くの活断層が分布することが知られており、志賀原発の北9kmには東西方向にのびる富来川南岸断層があります。

第1章　能登半島地震とはどんな地震だったのか

　能登半島の断層地形に関する研究は20世紀初頭から始まりましたが、大きく進んだのは1970年代になってからでした。太田陽子と平川一臣（山梨大学）は能登半島の海成段丘について詳細な調査を行い、通常の海成段丘は海岸に向かって次第に低くなるのに、能登半島では海岸側が高いという異常な地形が多いことを明らかにしました。この異常な地形から活断層を認定したほか、河川が断層崖の麓で流路を直角に変えるという不自然な水系も見出しました。このような研究によって、能登半島が西北西－東南東の圧力軸のもとで、活断層の運動によって特徴的な地形が形づくられてきたことが分かりました[56,57,58,59]。

　太田らは、富来川南岸断層を境にして海成段丘面の分布高度に著しい落差があることから、これが約13～12万年前（後期更新世）以降に活動している活断層であることを明らかにしました[57,58]。さらに渡辺満久らは、この断層が西方の日本海にも延長していて、志賀原発がある能登半島西岸を隆起させている可能性があると指摘しました[60]。

　能登半島の西側の海岸には、数千年前から現在までに地震性隆起によって形成されたと考えられる平坦な地形が、標高数m程度のところに複数段あります。日本では、約6000年前の暖かかった時期に海面が現在より若干高かったものの、その後はほぼ安定していますから、地殻が安定しているのだったら、この時期以降に海岸部に階段状の地形が作られることはありません。したがって、能登半島西岸にこのような地形があることは、地震によって間欠的な隆起が起こっている証拠なのです[56]。

　ところが北陸電力は、富来川南岸断層が存在していることや、沿岸の活断層の活動によって海岸が隆起している可能性を認めてきませんでした[61]。北電はその後、志賀町東小室付近のボーリング調査などで、地下に富来川南岸断層に対応する逆断層を確認しました。ところが、明確な段丘面が認められなかったなどの理屈で「後期更新世以降の活動が否定できないと評価する」と述べて、富来川南岸断層が活断層であることをいまだに認めていません[62]。

　鈴木康弘と渡辺満久は能登半島地震後の2024年1月13～14日、富来周辺で現地調査を行って富来川南岸断層に沿った地表地震断層を発見し

ました。見つかった地表変形は、上下変位量は概ね50cm程度で10〜数10cm程度の左横ずれを伴っていて、断層の周辺では著しい家屋被害が生じていました。[63]

　ところが北電は、鈴木・渡辺が富来川南岸断層に沿った地表地震断層を発見した場所ではないところで調査を行って、「今回の地震に伴って、活動した痕跡は認められない」と、2024年3月27日に開催された石川県原子力環境安全管理協議会で報告しました。[64]筆者は会場で首をかしげながら聞いていたのですが、同委員会の委員からはこれに対して質問も発言もありませんでした。「事業者から説明されるデータは結論が先にあり、主張に沿って展開される」「その内容に誤りがあると気づくためには、審査委員自身が独自に資料を精査する必要があるが、従来の審査体制はそこまでを求めなかった[56]」ということが、あらためて確認できたとその場で考えました。

（6）旧通産省のお粗末な審査が「あきれて物も言えない」見逃しをした

　次はいよいよ、志賀原発の直下を通る活断層に関する問題についてです。原子力安全・保安院（当時）で2012年から2013年にかけて、原発の周辺や敷地内で活断層の可能性が見逃されている例があることが次々と指摘され、原発敷地内に活断層が存在する可能性が高いとして専門家による現地調査を行うものだけでも、日本原子力発電・敦賀、関西電力・美浜、同・大飯、日本原子力研究開発機構・「もんじゅ」、北陸電力・志賀、東北電力・東通の6原発にのぼりました。

　志賀原発については保安院が2012年7月17日に「第19回地震津波に関する意見聴取会」を開催し、北陸電力が志賀原発1号機の原子炉建屋の直下を通るS-1断層について説明して、その活動性に関する審議が行われました。会議において、今泉俊文（東北大学教授）はS-1断層のスケッチ（図1-17）に関する北電の説明に対して、「典型的な活断層だ。説明がまったく理解できない。あきれて物も言えない」、「活断層調査に携わった専門家や調査会社を公表すべきだ」との意見を述べました。渡辺満久も、「断[50]

第1章　能登半島地震とはどんな地震だったのか

層の食い違いは大きく、上の層のゆるやかなずれと比較すると、2回以上は動いている。12万〜13万年前の地層の中にある礫が段違いになっているのを見ても、活動したことが分かる」、「これを活断層でないと思っているとしたら、その人に委員を務める能力はない」と指摘しました。

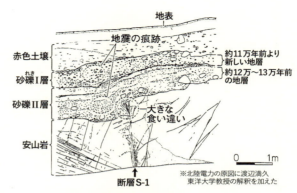

図1-17　志賀原発敷地直下S-1断層トレンチのスケッチ
出典：北陸中日新聞、2012年7月20日

　先ほど、活断層は一般に地形を食い違わせていて、横ずれの場合は平面的な位置が食い違うこと、活断層の調査では断層変位によって形づくられた地形があるか否かを明らかにして、断層運動が起こっていなければ説明できないような「地形の異常」を抽出すること、をお話ししました。志賀原発を建設する前の空中写真を見ると、志賀原発の敷地にあたるところに、このような「地形の異常」がはっきり見えます（図1-18）。

　図1-18の左は、1964年に撮影された空中写真に、志賀原発1号機と2号機の原子炉建屋の位置を書き加えました。右は、志賀原子力発電所敷地内破砕帯の調査に関する有識者会合（2014年3月24日）に提出された図に、同会合での有識者委員の発言をふまえて加筆したものです。

　図1-18で、1号機原子炉建屋の位置の右にある谷は、不自然な曲がり方をしています。また、2号機原子炉建屋の位置の下には、上流につながらない変な谷が見えます。他にも「地形の異常」がいくつか見えます。2014年3月24日の有識者会合では、有識者委員から以下のような指摘があり、北電も発言しました。

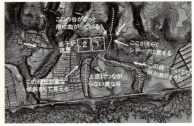

図1-18 志賀原発周辺の変位地形(志賀原発建設工事前)
出典：国土地理院、航空写真に加筆(左)、原子力規制委員会志賀原子力発電所敷地内破砕帯の調査に関する有識者会合(2014年3月24日)に提出された図に同会合での有識者委員の発言をふまえて加筆(右)

藤本光一郎・東京学芸大学准教授「敷地内断層の切断関係と延長を示す北電の図は、奇妙に見える。S-2断層が急に曲がってずれていくように描かれているが、本当に北電のいうような解釈でいいのか」

同「北電はS-6断層が中位段丘面を変形させていないとしているが、北電の示したこれのトレースは地表から4.7m下のもので、地表をトレースしていたものではない。空中写真にも特徴があるが、地表にトレースすると中位段丘面に変位を与えている可能性が否定できない」

吉岡敏和・産業技術総合研究所主任研究員「志賀原発建設前の空中写真を見ると、不自然な谷の屈曲などが見える。こうした地形がなぜできているのか」

北電・前川土木部長「Aトレンチ、Bトレンチはすでになくなっている。今回のデータにより活動性を判断してほしい」

意見聴取会で「典型的な活断層だ。説明がまったく理解できない」とこっぴどく批判された北電が、スケッチ（図1-17）したトレンチ（活断層の過去の活動をくわしく知るために、断層を横切る方向に掘って地層を露出させた細長い溝）は建設工事で「すでになくなっている」として、「今回のデータにより活動性を判断してほしい」と言い訳をしていますが、これもまた「まったく理解できない」ものです。活断層を写し取ったスケッチがな

第1章　能登半島地震とはどんな地震だったのか

されたトレンチはなくなっていますが、断層運動を起こさせる原因はなくなったわけではないからです。否定しようのない活断層のスケッチという証拠をつきつけられて、「それはもう、この世に存在しないのだから」と懇願する北電の姿に、科学ではない"何か"に頼るしかすべのない日本の電力事業者の悲哀を感じました。

　なぜこのような活断層の見逃しが起こってしまったかというと、本節（4）で述べた活断層調査と審査体制の問題があったからです。

　志賀原発1号機の設置許可申請をふまえて、通商産業省（当時）による活断層審査は1987年1〜11月に行われました。同省が行った建設前の安全審査で専門家の1人として活断層を調べた同省地質調査所の元所員は、「通産省が専門家会議に手配した敷地内の現地調査は半日程度で、岩盤を詳しく確認できなかった。今振り返ると問題があった」と述べています。[66]

　旧通産省の審査体制は当時、原子炉の設計や放射線管理などの3つの部門に分かれていて、原発敷地内の活断層の評価は地盤・耐震部門が担当していました。この部門の中で志賀1号機の審査担当は2人で、1人は1986年4月に入省した20代の女性でした。もう1人の30歳前後の男性は、原発を扱わない同省の出先機関で採用された後に、1985年4月に本省へ出向してきました。審査開始時に本省勤務1、2年目だった2人は、大学の専攻や国家公務員の採用区分は建築や土木であり、地学や地理学は専門外でした。審査を担当した男性は「右も左も分からないまま仕事に追われた」とふり返っています。[67]

　活断層かどうかの判定も通産省の担当者が結論を出していて、専門家には委ねていませんでした。同省は「顧問会」と呼ばれる、50人規模の専門家会議を省議決定によって設置していました。志賀1号機の審査時は顧問会の中に3つの部門（地震・耐震、気象・放射線管理、施設）があって、活断層関連は地盤・耐震部門で扱っていました。この部会は13人で構成し、会合は月1回ペースで敷地内外の断層や過去の地震などを順次取り上げ、志賀1号機については担当の通産省職員が検証結果を報告していました。

　とはいえ顧問会は、助言組織という位置付けにすぎません。専門家は断層などについて自らの見解を示すだけで、顧問会としての意見集約や採決

は行っていません。志賀１号機の敷地直下断層などを評価した「地盤・耐震部門」の責任者（通産省職員）は、「顧問会の意見はあくまで参考意見。結論は私たちが下した。顧問会の場でも『先生方の合否は求めない。最終的には私たちに一任してください』と説明した」と証言しています。[68]

　審査を担当した通産省職員２人がまったくの専門外だっただけでなく、専門家会議の13人の中にも活断層の専門家は１人しかいませんでした。地盤・耐震部門の専門家会議は、大学教授や研究機関などで構成されましたが、活断層の専門家は地質調査所の地震地質課長（当時）だけだったのです。メンバーの１人だった岩盤工学の専門家は、「専門外だと相手にされない風潮があり、私は断層関連であまり口出ししなかった」とふり返っています。[69]

　このような体制のもとで、志賀原発１号機の敷地直下の断層について、科学的な判断ができるはずがないといってよいでしょう。

（７）原子炉建屋直下の活断層が、再び「ないもの」にされた

　2015年５月13日に行われた原子力規制委員会の「第６回 志賀原子力発電所敷地内破砕帯の調査に関する有識者会合」は、S-1断層について活断層の可能性を否定できないとする見解で一致し、評価書案を作成することを決めました。

　新規制基準は、活断層の上に原発の重要施設を設置することを認めていません。[70]また、耐震安全性に関する安全審査の手引きは、調査結果の精度や信頼性を考慮した安全側の判断を行うことと明記しており、[71]敷地内及び敷地周辺の地質・地質構造調査に係る審査ガイドにも、安全側の判断を行っていることを確認すると書かれています。[72]したがって、S-1断層が活断層であることを否定できないのであれば、志賀原発１号機は運転できないわけです。

　第７回有識者会合（2015年７月17日）では、S-1断層について活断層の可能性を否定できないとする評価書案を了承しました。有識者からは、規制委が作成した評価書案について、「（活断層を）否定する言葉の連続は、

第1章　能登半島地震とはどんな地震だったのか

評価会合での考えと一致しない。最初に否定する表現を置くのも問題で、一番述べたいことを文章の冒頭に置くべきだ」などの発言が相次いで出され、「疑わしきはクロ」の立場で評価書案を書き換えることになりました。

2015年11月20日には査読（ピアレビュー）会合が行われ、他の原発を評価する専門家たちも評価書案に同意しました。評価書案は、「活断層の可能性が否定できない」という記述が「活断層の可能性がある」に変更されるなど、より踏み込んだ表現に改訂されて了承されました。

原子力規制委員会は2016年3月3日、「第8回志賀原子力発電所敷地内破砕帯の調査に関する有識者会合」を開催し、「北陸電力株式会社志賀原子力発電所の敷地内破砕帯の評価について」の最終案を了承しました。そして同年4月27日、有識者会合がS-1断層について「後期更新世以降に、北東側隆起の逆断層活動により変位したと解釈するのが合理的と判断する」とした、志賀原子力発電所敷地内破砕帯の調査に関する報告書を原子力規制委員会が受理しました。

このようにして「典型的な活断層だ。あきれて物も言えない」と指摘されたS-1断層に関する判断が否定され、志賀原発1号機の営業運転開始から23年たって、科学的な根拠に基づいた判断が行われたのでした。ところが、これで"一件落着"となったわけではないのです。

原子力規制委員会はその6年半後の2022年10月13、14日、志賀原発敷地内活断層と海岸部断層についての現地調査を行って、北電が主張している「鉱物脈法」による断層の活動性の判断について、「大きな進展」と評価しました[73,74]。ちなみに北電のいう「鉱物脈法」による活動性の判断とは、以下のように行われていました。

- 「変質鉱物の生成年代の評価」に関する論文を探したら、5つあった
- そこに「オパールCT（変性鉱物）は地温50℃以上の環境で生成し、約50℃で生成する場合には数十万年以上を要する」と書いてあった
- 敷地と敷地周辺は地熱地帯ではなく、能登半島には第四紀火山はないから、火山活動の影響もない
- ボーリングしてみたら地温が50℃以上になるのは800mより深いところだっ

51

た。よってオパール CT は 800m 以深でできた
- 12～13 万年前以降の隆起速度は 0.13m/千年。それ以前も隆起速度は一定と仮定すると、生成年代は 600 万年以前と見積もられる
- よって、変質鉱物の生成年代は後期更新世以降ではない
- したがって（S-1 断層などは）活断層ではない

　筆者はこれを読んで、科学的に検証されているとはいえない仮説だけを拠り所に、仮定に仮定をかさねて結論をひねり出した代物だと思いました。こんな質の低いものでは、学生のレポートでも単位はもらえないでしょう。
　ちなみに原子力規制委員会の石渡明・委員は 2016 年 9 月、日本地質学会の学術大会で「原子力発電所（原発）の敷地内断層の活動性評価では、後期更新世の 12-13 万年前の地層の欠如等により上載地層法（引用者注：断層によって食い違っている地層とその上を覆っている地層の年代から、断層が活動した時期を推定するというもので、活動時期を判断するにあたって標準的に使われている方法）が適用不能の場合、断層と鉱物脈・岩脈との切断関係の検討も 1 つの方法とされる」と講演しています[75]。志賀原発 1 号機の場合、建設前の S-1 断層のスケッチが残っているわけですから、「上載地層法が適用不能」ではありません。
　さらに立石良（富山大学）らは 2021 年に出版された論文に、「断層の最新活動面を横断する鉱物脈の性状と年代で判断する方法（引用者注：鉱物脈法のこと）が提案されているが、少なくとも現段階では、十分に確立された方法とは言えない」と書いています[76]。
　ところが原子力規制委員会は、2023 年 3 月 3 日に開催された第 25 回「志賀原子力発電所に係る審査会合」で、「敷地内断層の活動性はないとする北陸電力の主張は概ね妥当である」との見解を出して、2016 年に活断層の可能性を否定できないとした有識者会合調査団の判断を覆したのです[77]。これに対して、有識者会合調査団の 1 人である藤本光一郎・東京学芸大学教授は「上載地層法は広い範囲を見るのに対し、鉱物脈法は薄片という非常にピンポイントな情報を集める。鉱物脈法はあくまで他の方法は使えない場合のみ使うもので、2 つを並列に扱うのはどうか」と疑問を呈しまし

た。ところが原子力規制委員会は2023年3月15日、有識者会合と審査会合の結果の相違について、「改めて有識者の意見を聞く必要はない」と決定しました。

　原子力規制委員会は、2021年に「現段階では、十分に確立された方法とは言えない」と指摘された「鉱物脈法」が、わずか1〜2年で「十分に確立された方法」になったと判断したのでしょうか。そこで筆者は、志賀原子力規制事務所に以下の2点を文書で質問しました。

① 原子力規制委員会は2016年4月27日、有識者会合が「S-1は、後期更新世以降に、北東側隆起の逆断層活動により変位したと解釈するのが合理的と判断する」とした志賀原子力発電所敷地内破砕帯の調査に関する報告書を受理した。ところが2023年3月3日に規制委審査会合は北電主張を「概ね妥当である」と判断して、上記受理した報告書を否定した。2016年の有識者会合報告書は活断層評価の王道である変動地形学的手法に基づいて書かれたが、北電の主張は「鉱物脈法」を論拠としている。そもそも「鉱物脈法」は上載地層法が使えない場合の補完的な手法と有識者調査団の一員は指摘しているが、2023年3月3日の原子力規制委員会の判断はどのような根拠と論理に基づいて行われたのか

② 原子力規制委員会の2023年3月15日の会合では、2016年の有識者会合の判断と2023年の審査会合の判断が真っ向から異なっていることを認識しながら、「S-1及びS-2・S-6の活動性評価について、改めて有識者の意見を聞く必要はない」と決定した。どのような根拠をもって「改めて有識者の意見を聞く必要はない」と決定したのか。有識者調査団の一員である藤本光一郎・東京学芸大教授は2023年3月4日付毎日新聞で今回の規制委員会の判断に疑問を呈しているが、これは「改めて有識者の意見を聞く必要がある」ことを示唆したものだと考えないか

数か月後、同事務所長から以下の返事がきました。

　原子力規制委員会の本庁に、先般の質問について相談した。その結果、

志賀2号機にかかわる審査が全部終わったら説明できる、ということになった

　科学的に妥当な判断をしたのだったら、上記の質問への回答はすぐにできるはずです。原子力規制庁は、通産省（当時）が1987年に志賀原発1号機の設置許可申請をふまえて行った活断層審査で「あきれて物も言えない」という判断を行ったのと、「同じ轍を踏んだ」のだと筆者は思いました。志賀原発と活断層の審査をめぐる状況は、36年もかかってまた元に戻ってしまったようです。

〈参考文献と注〉

1) 消防庁災害対策本部、令和6年能登半島地震による被害及び消防機関等の対応状況、2024年9月24日.
2) 石川県危機対策課、令和6年能登半島地震による人的・建物被害の状況について（第161報）、2024年9月24日.
3) 奥能登では2020年12月から群発地震が続いていて、2020年11月30日以前はM1以上の地震が1年に約20回（約20地震／年）だったのが、2020年12月以降は約8000地震／年に増えていました。
　遠田晋次、地震発生場と余震活動、長期予測の問題点、東北大学災害科学国際研究所「令和6年能登半島地震に関する速報会」、2024年1月9日.
4) 地震調査研究推進本部地震調査委員会、令和6年能登半島地震の評価、2024年2月9日.
5) 気象庁、「令和6年能登半島地震」について（第3報）、2024年1月1日.
6) 気象庁、令和6年1月1日16時10分頃の石川県能登地方の地震について、2024年1月1日.
7) 地震調査研究推進本部地震調査委員会、令和6年能登半島地震の評価、2024年1月15日.
8) 防災科学技術研究所、令和6年能登半島地震による強震動.
9) 防災科学技術研究所、（最大）加速度・（最大）速度・計測震度について.https://www.kyoshin.bosai.go.jp/kyoshin/topics/chuetsuoki20070716/pgav5v20070716.html、2024年6月26日閲覧.

第 1 章　能登半島地震とはどんな地震だったのか

10) 気象庁、計測震度の算出方法．https://www.data.jma.go.jp/eqev/data/kyoshin/kaisetsu/calc_sindo.html、2024 年 6 月 26 日閲覧．
11) 川瀬　博、断層近傍強震動の地下構造による増幅プロセスと構造物破壊能、第 10 回日本地震工学シンポジウム、パネルディスカッション資料集、29-34 頁（1998）．
12) 京都大学防災研究所、強震波形記録による令和 6 年能登半島地震の震源過程（暫定）、2024 年 1 月 15 日．
13) 消防庁災害対策本部、令和 6 年能登半島地震による被害及び消防機関等の対応状況、2024 年 9 月 24 日．
14) 能登地域は、石川県域の 12 市町（津幡町、内灘町以北）、富山県の 1 市（氷見市）の 13 市町からなり、圏域の面積は 2404km^2 で日本海側最大の半島です。地理的には、半島先端部（石川県珠洲市）は、金沢市から直線距離で約 110km（道路距離で約 140km）、富山市からは富山湾を隔てて直線距離で約 80km（道路距離で約 160km）となっています。国土交通省、https://www.mlit.go.jp/kokudoseisaku/chisei/kokudoseisaku_chisei_tk_000118.html、2024 年 6 月 27 日閲覧．
15) 富山県、令和 6 年能登半島地震に係る県内被害状況（人的被害・住家被害等）．
16) 新潟県、令和 6 年能登半島地震による被害状況について．
17) 福井県、令和 6 年能登半島地震に伴う福井県内の被害状況．
18) 石川県危機対策課、令和 6 年能登半島地震による人的・建物被害の状況について（第 161 報）、2024 年 9 月 24 日．
19) 石川県統計協会、2022 年石川県統計書、2024 年 3 月．
20) 気象庁、「令和 6 年能登半島地震」における津波に関する現地調査の結果について、2024 年 1 月 26 日．
21) 令和 6 年能登半島地震変動地形調査グループ（日本地理学会）、令和 6 年能登半島地震による津波浸水範囲の検討結果（第四報）、2024 年 1 月 14 日．
22) 石山達也ら、令和 6 年能登半島地震（M7.6）で生じた海岸隆起【速報その 3】、東京大学地震研究所．
23) 国土地理院、「だいち 2 号」観測データの 2.5 次元解析による令和 6 年能登半島地震（2024 年 1 月 1 日）に伴う地殻変動、2024 年 1 月 11 日．
24) 宍倉正展、第二報　長期的な隆起を示す海成段丘と 2024 年能登半島地震の地殻変動、産業技術総合研究所（2024）．
25) 海上保安庁、珠洲市北方沖においても海底で約 4 メートルの隆起を確認、

2024年6月11日．

26）朝日新聞、クロダイ釣った直後　海が岩場に変わった、2024年6月18日．

27）宍倉正展ら、2024年能登半島地震の緊急調査報告（海岸の隆起調査）、産業技術総合研究所（2024）．

28）太田陽子・平川一臣、能登半島の海成段丘とその変形、**地理学評論**、第52巻、第4号、169-189頁（1979）．

29）宍倉正展ら、能登半島北部沿岸の低位段丘および離水生物遺骸群集の高度分布からみた海域活断層の活動性、**活断層研究**、第53巻、33-49頁（2020）．

30）太田陽子ら、能登半島の活断層、**第四紀研究**、第15巻、105-128頁（1976）．

31）渡辺満久ら、能登半島南西岸変動地形と地震性隆起、**地理学評論**、第88巻、第3号、235–250頁（2015）．

32）能登半島中部西海岸活断層研究グループ、段丘・海食微地形・化石からみる能登半島志賀町中部西海岸地域の後期更新世～完新世地殻変動、地球科学、第73巻、第4号、205-221頁（2019）．

33）鈴木康弘・渡辺満久、富来川南岸断層に沿う地震断層の発見、日本地理学会、2024年1月19日．

34）原 勇貴ら、令和6年能登半島地震に伴う内灘町の液状化被害と地形発達・人工地形改変の関係、第85回IRIDeSオープンフォーラム令和6年能登半島地震に関する報告会．https://irides.tohoku.ac.jp/media/files/forum/IRIDeS_forum85_harayuki.pdf、2024年6月28日閲覧．

35）寒川　旭、地震考古学－遺跡が語る地震の歴史、中公新書（1992）．

36）寒川　旭、地震考古学に関する成果の概要、**第四紀研究**、第52巻、第5号、191-202頁（2013）．

37）北陸中日新聞、2500年前にも大津波－珠洲と富山沿岸、2024年2月24日．

38）宍倉正展ら、能登半島北部沿岸の低位段丘および離水生物遺骸群集の高度分布からみた海域断層の活動性、**活断層研究**、第53巻、33-49頁（2020）．

39）北陸中日新聞、能登半島地震－繰り返された大規模隆起、2024年2月10日．

40）地震調査研究推進本部、主要活断層の評価結果、2024年1月15日．https://www.jishin.go.jp/evaluation/evaluation_summary/#danso、2024年6月28日閲覧．

41）国土交通省、日本海における大規模地震に関する調査検討会報告書、2014年9月．

42）鈴木康弘、問題提起　M7級想定できた－沿岸活断層、認定急げ、日本活断層学会、2024年1月．

43) 活断層研究会編、新編 日本の活断層－分布図と資料、東京大学出版会 (1991)．
44) 鈴木康弘ら、原発耐震安全審査における活断層評価の根本的問題－活断層を見逃さないために何が必要か、科学、第78巻、第1号、97-102頁 (2008)．
45) 後藤秀昭、活断層の分布はそのように認定されるのか－地形発達を論理的によみとく、科学、第79巻、第2号、195-198頁 (2009)．
46) 北陸中日新聞、活断層のリスク見直しを－想像以上に複雑な動き、「海陸境界」も多くは未解明、2024年2月24日．
47) 鈴木康弘、原発と活断層、岩波書店 (2013)．
48) 原発施設の設計に大きな影響を与えるような、近くで発生しうる地震に関しては、かつてはM6.5程度の地震しか想定されていませんでした。北電がなぜ、20km程度の活断層を7km程度の3つの断層に分割したのかというと、M6.5程度を上限にするためには、断層の長さが10km以下の短い断層に「値切る」必要があったからです。
    渡辺満久、原子力関連施設周辺における活断層評価への疑問、科学、第79巻、第2号、179-181頁 (2009)．
49) 毎日新聞、2012年7月17日．
50) 北陸中日新聞、2012年7月18日．
51) 北陸中日新聞、2012年7月20日．
52) 活断層研究会編、新編 日本の活断層、東京大学出版会 (1991)．
53) 原子力規制委員会、実用発電用原子炉及びその付属施設の位置・構造及び設備の基準に関する規則の解釈、2013年6月19日．
54) 原子力規制委員会、敷地内及び敷地周辺の地質・地質構造調査に係る審査ガイド，2013年6月19日．
55) 原子力委員会、発電用原子炉施設に関する耐震設計審査指針、1978年9月29日．
56) 鈴木康弘、原発と活断層、岩波書店 (2013)．
57) 太田陽子ら、能登半島の活断層、**第四紀研究**、第15巻、第3号、109-128頁 (1976)．
58) 太田陽子・平川一臣、能登半島の海成段丘とその変形、**地理学評論**、第52巻、第4号、169-189頁 (1979)．
59) 太田陽子、変動地形を探るⅠ－日本列島の海成段丘と活断層の調査から、古今書院 (1999)．

60) 渡辺満久ら、能登半島南西岸変動地形と地震性隆起、地理学評論、第 88 巻、第 3 号、235-250 頁（2015）．
61) 北陸電力、第 368 回原子力発電所の新規制基準適合性に係る審査会合資料 1-1　志賀原子力発電所 2 号炉　敷地の地質・地質構造について（概要）、2016 年 6 月 23 日．https://www.da.nra.go.jp/view/NRA022002459?contents=NRA022002459-002-002#pdf=NRA022002459-002-002、2024 年 7 月 23 日閲覧．
62) 北陸電力、第 973 回原子力発電所の新規制基準適合性に係る審査会合　資料 2　志賀原子力発電所 2 号炉　敷地周辺の地質・地質構造について　敷地近傍の断層の評価（1/3）、2021 年 5 月 14 日．https://www.da.nra.go.jp/view/NRA022010901?contents=NRA022010901-002-004#pdf=NRA022010901-002-004、2024 年 7 月 23 日閲覧．
63) 鈴木康弘・渡辺満久、富来川南岸断層に沿う地震断層の発見、日本地理学会、2024 年 1 月 19 日．
64) 北陸電力、石川県原子力環境安全管理協議会 資料 1-1　令和 6 年能登半島地震志賀原子力発電所の状況（地震動、断層、津波、地盤）、2024 年 3 月 27 日．https://atom.pref.ishikawa.lg.jp/resource/genan/ankan/kpdf/haihu20240327_1-1.pdf、2024 年 7 月 23 日閲覧．
65) 原子力規制委員会、志賀原子力発電所敷地内破砕帯の調査に関する有識者会合、2014 年 3 月 24 日．
66) 北陸中日新聞　2013 年 1 月 19 日．
67) 北陸中日新聞　2013 年 1 月 31 日．
68) 北陸中日新聞　2013 年 2 月 1 日．
69) 北陸中日新聞　2013 年 2 月 2 日．
70) 原子力規制委員会、実用発電用原子炉及び核燃料施設等に係る新規制基準について（概要）.https://www.nra.go.jp/data/000070101.pdf、2024 年 7 月 24 日閲覧．
71) 原子力安全委員会、発電用原子炉施設に関する耐震安全性に関する安全審査の手引き（2010 年 12 月）には、「調査結果の精度や信頼性を考慮した安全側の判断を行うこと」「断層運動が原因であることを否定できない場合には、耐震設計上、考慮する活断層を適切に想定する」と書かれています。
72) 原子力規制委員会、敷地内及び敷地周辺の地質・地質構造調査に係る審査ガイド、2013 年 6 月．https://www.nra.go.jp/data/000393628.pdf、2024 年 7 月 24 日閲覧．
73) 北陸中日新聞、2022 年 10 月 15 日．

第 1 章　能登半島地震とはどんな地震だったのか

74) 朝日新聞、2022 年 10 月 15 日．
75) 石渡　明、鉱物脈法による断層活動性評価について、日本地質学会第 123 回学術大会、2016 年 9 月 10 日．https://www.jstage.jst.go.jp/article/geosocabst/2016/0/2016_325/_article/-char/ja/、2024 年 7 月 24 日閲覧．
76) 立石　良ら、断層ガウジの化学組成に基づく活断層と非活断層の判別－線形判別分析による試み、応用地質、第 62 巻、第 2 号、104-112 頁（2021）．https://www.jstage.jst.go.jp/article/jjseg/62/2/62_104/_pdf/-char/ja、2024 年 7 月 24 日閲覧．
77) 原子力規制委員会、第 25 回志賀原子力発電所に係る審査会合（第 1121 回原子力発電所の新規制基準適合性に係る審査会合）、2023 年 3 月 3 日．
78) 毎日新聞、2023 年 3 月 4 日．

第2章

能登半島地震と志賀原発の被害

能登半島には志賀原子力発電所（原発）1号機（沸騰水型軽水炉（BWR）、定格電気出力54.0万キロワット（kW））と志賀原発2号機（改良型沸騰水型軽水炉（ABWR）、同135.8万kW）があり、2024年1月1日に発生した能登半島地震の震源断層との距離は約30キロメートル（km）です。この地震が発生した時、両機は運転を停止していました。

　地震によって志賀原発では、設計上の想定を超える加速度を観測したほか、変圧器からの絶縁油漏れや外部電源5回線のうち2回線で受電不能となるなどのトラブルがあり、津波などをめぐる情報も混乱しました。

　発災から約3か月後、地震により制御棒駆動機構の部品が脱落していたことが分かりました。これはほとんど注目されませんでしたが、制御棒駆動機構は1999年に志賀原発1号機の名を日本中に知らしめた重大事故を起こした装置であり、2010年にも事故をくり返し起こしました。

　この章では、志賀原発の地震被害について書いた後、制御棒駆動機構がかかえる問題についてもくわしくご紹介します。

第1節　能登半島地震による志賀原発の被災

　能登半島地震によって志賀原発がさまざまなトラブルを起こしたことについて、新聞は「能登半島地震－志賀原発　揺れ想定上回る－設備故障・避難路寸断　想定外次々[1]」、「志賀原発　リスク露呈－規制委、能登地震の知見収集を指示[2]」、「能登地震　志賀原発トラブル続出－変圧器破損・油大量流出・一部電源途絶・情報二転三転[3]」などと相次いで報じました。

　志賀原発のトラブルは、以下のようなものでした。

（1）設計上の想定を超える加速度を観測

　志賀原発の敷地岩盤で観測した能登半島地震による加速度が、東西方向において0.4〜0.5秒の周期で設計時の想定を超えていました。これがどんなことを意味するのか、以下にご説明します。

第2章　能登半島地震と志賀原発の被害

　地震による地盤の揺れ（地震動）によって原発の構造物が壊れて、原子炉に閉じ込めてある放射性物質が環境に漏れ出してしまわないように、地震動が原発の構造物にどのような影響を与えるかという評価がなされています。この評価は「大崎スペクトル」という応答スペクトルにより、図2-1のように行います。

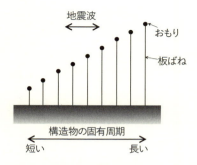

図2-1　固有振動の計測モデル

出典：渡辺三郎、原発構造物の耐震性は万全か、藤井陽一郎編、地震と原子力発電所、新日本出版社（1997）を一部改変

　まず構造物をモデル化し、鉛直に立てた板ばねの頂点に錘をつけたものとして、共通の固い土台の上に固有周期の短いものから長いものの順に並べておきます。この土台に地震波を加えると、それぞれの板ばねが揺れ出しますので、その際の板ばねの揺れの最大の速度または加速度を調べます。実際には、板ばねの周期がこまかい間隔で並んでいるとみなして、コンピュータで計算します。

　2006年9月に改訂された耐震設計審査指針（新指針）は、改訂前の耐震設計審査指針（旧指針）では二本立てになっていた基準地震動を、Ssの一本にした上で、このSsを「敷地ごとに震源を特定して策定する地震動」と「震源を特定せずに策定する地震動」の2種類について、敷地の解放基盤表面における水平および垂直方向の地震動として策定することと定めました。なお解放基盤は、正確には解放工学的基盤といいます。工学的基盤は、工学モデル上それより先は考えなくてもよいと思われる程度に固い地盤のことで、地質学上の定義ではありません。解放工学的基盤は、工学的基盤の上にかぶさっている表層地盤を取り去った状態のことで、仮想的に設定されるものです。

　図2-2は、志賀原発1号機（左）と同2号機（右）の基準地震動Ssと、能登半島地震において志賀原発の敷地で観測された地震動から作成された応答スペクトルを比較したものです。破線は基準地震動Ss、実線は観測された応答スペクトル、→は主な施設の固有周期を示します。

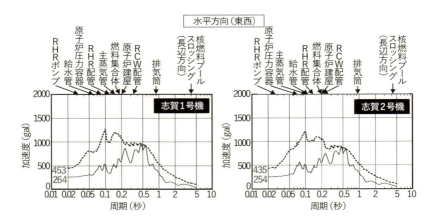

図2-2　能登半島地震における志賀原発の加速度応答スペクトル
出典：原子力規制庁、令和6年能登半島地震における原子力施設などへの影響及び対応、2024年1月10日

　1号機と2号機ともに周期0.4～0.5秒において、能登半島地震で観測された加速度が基準地震動 Ss を越えています。[6] 1995年1月に発生した兵庫県南部地震（阪神・淡路大震災）を契機に、原発の耐震設計基準には重大な問題があり、地震列島に立地する原発の構造物が地震に耐えられないという問題が指摘されてきました。能登半島地震でも、この問題が現実のものとなったといえるでしょう。

　なお、北陸電力（北電）は2024年3月27日に開催された石川県原子力環境安全管理協議会で、能登半島地震で観測された加速度が基準地震動 Ss を越えている周期では、そこに固有周期をもつ構造物はないので問題ないと説明しました。これに対して耐震工学研究者が、激しい地震動に襲われた構造物は固有周期が長くなっていくため、設計時の固有周期と一致しないからといって問題がないとはいえない、と釘を刺しました。

（2）変圧器からの絶縁油漏れ

　北電は能登半島地震の翌日（1月2日）、志賀原発1号機の起動変圧器の

第 2 章 能登半島地震と志賀原発の被害

絶縁油が約 3600 リットル（L、推定）、同 2 号機の主変圧器から絶縁油が約 3500L（同）漏れていると発表しました。この時点では、いずれも「絶縁油は堰内に収まっており、外部への影響はありません」と述べていたのですが、その後、北電は以下のように発表内容を変更しています[7]（図2-3）。

- 1 月 2 日（続報）1 号機はドラム缶に回収完了、2 号機はドラム缶への回収に着手
- 1 月 3 日　2 号機で新たに約 100L が漏れていた。堰内に収まっている
- 1 月 5 日　2 号機から漏洩した約 1 万 9800L を回収完了。当初の想定以外からも漏洩
- 1 月 7 日　2 号機変圧器周辺の側溝・道路、発電所全面の海面に油膜（5 メートル（m）× 10m）
- 1 月 10 日　海上の油膜は 100m × 30m。海岸部にオイルフェンスを設置

北電は 2024 年 1 月 30 日、志賀原発 1 号機の起動変圧器と同 2 号機の主変圧器の外観点検の結果、配管接続部の損傷などが確認されたとして、以後に当該部分の非破壊検査を実施して修理方法を検討するなどとした報告書を、原子力規制委員会と経済産業大臣に提出しました。

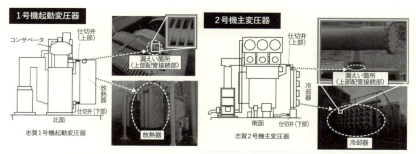

図2-3　志賀1号機起動変圧器、志賀2号機主変圧器からの絶縁油の漏洩
出典：北陸電力、令和6年能登半島地震以降の志賀原子力発電所の現況について（1月30日現在）を一部改変

（3）外部電源5回線のうち2回線で受電不能

　志賀原発へ送電する外部電源は、若葉台変電所を経由する赤住線（6万6000ボルト（V））、中能登変電所を経由する志賀中能登線（50万V）と志賀原子力線（27万5000V）の、合計5回線があります。能登半島地震によってこの5回線のうち、2回線が使えなくなりました（図2-4）。

　外部電源の喪失がいかに重大な問題かをご説明してから、志賀原発の被災状況について述べます。

　原発は、ウランなどが核分裂する際に発生する熱で水を沸騰させて蒸気を作り、その蒸気でタービンをまわして発電します。原発の近くで大地震が発生すると、その揺れを感知して原子炉に制御棒が自動的に挿入され、核分裂反応が停止します。しかし核分裂は止まっても、原子炉には核分裂によってできた放射性物質がたまっているので、それが膨大な量の崩壊熱を出し続けています。そのため、ポンプをまわして水を循環させ、原子炉を冷やし続けなければなりません。ポンプをまわすためには電力が必要ですが、原発の発電機はすでに止まっていますから、電力は別の発電所から送ってもらう必要があります（これが外部電源です）。

　2011年3月11日に発生した東北地方太平洋沖地震によって、福島第一原発に電力を送る送電鉄塔が倒壊してしまいました。さらに受電施設も破壊されてしまったため、外部電源の供給がストップしてポンプは停止しました。外部電源が失われた直後、非常用ディーゼル発電機が自動的に起動してポンプを動かし始め、原子炉はふたたび冷却できるようになりました。ところがその後、二波の津波が福島第一原発をおそったため、非常用ディーゼル発電機は浸水して機能を失い、ついにすべての電源が失われてしまいました（全電源喪失）。

　すべての電源が失われても、炉心はなんとかして冷やし続けなければなりません。そのために電源不要の冷却装置がいくつか設置されていて、それらが起動して原子炉の冷却が再開しました。ところが電源不要の冷却装置も、数時間から3日ほどで次々に止まってしまいました。冷却できなくなった原子炉では水位が低下し、膨大な熱を出し続ける核燃料がついに露

出し始めました。電源不要の冷却装置は、事故の際に自動的に作動する最後の砦でしたから、この装置が機能を失ったことで、福島第一原発事故はシビアアクシデント（過酷事故）の領域に突入しました。3つの原子炉で事故は、時間の差はあるものの類似した経過をたどっていきました。これが福島第一原発の大まかな経緯であり、外部電源の重要性がよくお分かりになると思います。

能登半島地震が起こったことにより、志賀原子力線で1号機の起動変圧器が故障し（変圧器からの絶縁油漏れによる）、志賀中能登線でも2号機の主変圧器が故障（同）しました。また、中能登変電所ではガス絶縁開閉装置（GIS）のブッシング（絶縁用の碍管(がいかん)）が破損し、引留鉄溝（変電所の玄関口にあたり、外部から送られてきた電気が最初に通る場所）や鉄塔の碍子(がいし)も欠損したため、受電できなくなってしまいました。

赤住線ではジャンパ線（離れた電気回路間をつなぐ電線）が断線し、鉄塔の碍子も欠損しました。志賀1号機の電源は赤住線から受電していましたが、同線の補修の際は志賀2号機を経由して、志賀原子力線からの受電に切り替えました（図2-4）。

2号機の主変圧器を復旧するには、新たに主変圧器を製造しなければならないため、この変圧器の本格復旧には2年以上かかると、北電は発表しました[7]。

変圧器の故障で5回線のうち2回線が使えなくなったことに関して、北電は「3回線が受電可能です」「安全確保に問題は生じておりません」と述べています[8]。しかし、このトラブルを保守的に（安全側で）考えるならば、2回線が能登半島地震の地震動による故障を起こしたということは、他の3回線も同様な故障を起こした可能性があり、1月1日の地震動では故障に至らなかったものの何らかのダメージを受けていたことも考えられます。したがって、安全確保に問題は生じていないと断定するのは間違っています。

能登半島地震に伴って外部電源5回線のうち2回線で受電不能となったことが、いかに重大であったかを示す事故が2005年4月1日に北電で起こっています。原発の立地する志賀町に隣接する羽咋市内で、大規模な地

滑りが発生して能登幹線（50万V）の送電鉄塔1本が倒壊し、その影響で隣接する鉄塔5本も折れてしまったのです（図2-5）。

この事故に伴って同日21時18分頃、能登全域(19万3000kW、10万9200戸)が停電し、負荷を失った志賀原発1号機の出力は定格の55万3000kWから2万8000kWへ自動的に低下しました。北電は志賀1号機の運転を続けましたが、送電系統が復旧する見込みが立たないとして同日23時40分、原子炉を手動停止することを決めました。[9,10]

先ほど書きましたように、原子炉で核分裂反応が停止しても、核分裂によってできた放射性物質が膨大な量の崩壊熱を出し続けていますから、ポンプをまわして水を循環させて原子炉を冷やし続けなければなりません。ところが志賀原発1号機は送電鉄塔が倒壊して、外部電源が取れなくなってしまいました。この時は非常用ディーゼル発電機が起動できたので冷却を続けられたわけですが、北電は2009年11月13日に非常用ディーゼル発電機の事故も起こしています。

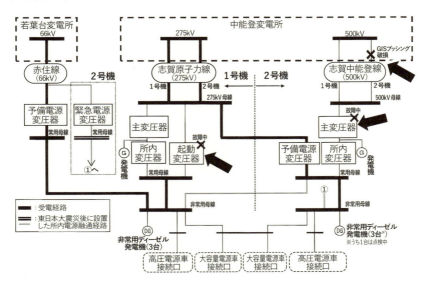

図2-4　能登半島地震後の志賀原発の受電状況（1号機は赤住線（6万6000V）、2号機は志賀原子力線（27万5000V）から受電。2024年1月12日時点）
出典：北陸電力、令和6年能登半島地震による志賀原子力発電所の影響について（第8報）、2024.1.12を一部改変

第2章　能登半島地震と志賀原発の被害

　吉井英勝衆議院議員（当時）は 2011 年 9 月に金沢市で講演した際、「私は国会質問で外部電源と内部電源の問題について、北陸電力の鉄塔倒壊の問題も取り上げたのです。もともと福島第一原発事故での外部電源の問題で、頭において質問したのは北陸電力が出発だった。志賀原発が出発点だったのです」と述べています。

（4）非常用ディーゼル発電機の停止

　志賀原発 1 号機で 2024 年 1 月 17 日、16 時 58 分に非常用ディーゼル発電機を試運転（1 月 16 日 18 時 42 分に発生した、志賀町で震度 5 弱を観測した地震後の保安確認措置）のため始動し、所内電源系統に接続する操作を行っていたところ、17 時 13 分に自動停止しました。自動停止した非常用ディーゼル発電機を図 2-6 に示します。

　北陸電力は同年 1 月 30 日、非常用ディーゼル発電機の自動停止の原因について以下のように発表しました。

　非常用ディーゼル発電機が出力を上昇させにくい状態であったことから、逆電力継電器（所内電源系統から非常用ディーゼル発電機側への電力の逆流入が生じた際に発電機を保護

図2-5　送電鉄塔の倒壊箇所と北陸電力の主な送電網
出典：北陸電力、50万ボルト能登幹線の運用再開について、
　　　2006年6月13日から作図

69

するための継電器）を動作させないための設定時間内に、必要な出力を上昇できず自動停止したものと推定した

・試運転時の所内電源構成におけるインピーダンス（交流における電流の流れにくさ）が、非常用ディーゼル発電機の負荷を取りにくい状態であった

・試運転の並列時において、非常用ディーゼル発電機の電圧が所内電源系統の電圧よりも通常と比較して高めとなっていたことから、並列直後はディーゼル発電機の出力を上げにくい制御状態であった

なお、外部電源喪失時には自動的に起動・並列するため、このような状態によりディーゼル発電機の出力が上昇しにくい事象は発生しない

北電は「運転員の操作にミスはなく、まれな事象が重なった」との認識

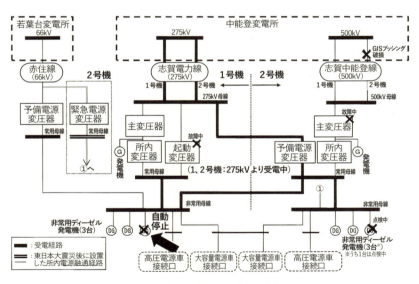

図2-6　志賀原発の電源系統（一部）と自動停止した非常用ディーゼル発電機
出典:北陸電力,志賀原子力発電所1号機非常用ディーゼル発電機の試運転中における自動停止について、2024年1月17日

を示しましたが、原子力規制委員会の山中伸介委員長は翌日（2024年1月31日）の記者会見で「人為的ミス」との認識を示してこれを否定し、「（北電が）非常用発電機が置かれた電気回路をしっかり検討すれば防げたと考えている」と釘を刺しました。

（5）津波などをめぐる情報の混乱

　北電は2024年1月3日、「1月1日の発電所のデータを改めて確認したところ、17時45分頃、2号取水槽内の海水面が通常より約3m上昇していたことを確認しました。これは海底トンネルの取水路を経た取水槽での水位上昇であり、海表面での正確な津波高さを測定しているものではありません」と発表しました。北電は当初、敷地に到達した津波について、「水位計に有意な変動は見られなかった」と説明していました。

　北電の発表が変わったのは津波に関してだけでなく、先に述べた変圧器の絶縁油漏れも同様でした。志賀原発2号機の主変圧器から絶縁油漏れについて、当初（1月2日）は約3500Lと発表していましたが、1月5日には約1万9800Lを回収したと変更しました。

　北電は2024年1月1日の地震発生時、変圧器で自動消火装置が作動して、運転員が焦げたような臭いと爆発音を確認したと報告し、林正芳官房長官はこれをふまえて「変圧器で火災が発生した」と発表しました。しかし北電は翌日（1月2日）、火災はなかったと訂正しました。運転員が油のにおいを焦げ臭いと誤認し、変圧器内部の圧力を下げる装置が作動した音を、爆発音と聞き間違えていたということでした。

　このように志賀原発をめぐる発表内容の訂正を重ねている北電に対し、経済産業省は1月10日までに正確な情報発信をするよう指示しました。林官房長官は同月10日の会見で、「北陸電力には経済産業省から正確かつ速やか、丁寧な説明を徹底するよう指導している」、斎藤健経産相も同月9日の会見で「高い緊張感を持って安全最優先で万全の対応をお願いしたい」と語りました。原子力規制委員会の山中委員長も同月10日の記者会見で、「緊急時の情報発信は福島第一原発事故の大きな教訓。やはり不十

分なところがあった」と北電に苦言を呈しています。[14,15]

第2節　制御棒駆動機構と志賀原発1号機臨界事故

（1）制御棒駆動機構の部品脱落

　北陸電力は2024年4月12日、「停止時定期点検中の志賀1号機において、令和6年能登半島地震のプラントメーカーによる詳細点検の結果、制御棒駆動機構ハウジング支持金具の構成部品の一部が脱落していることを確認した」と発表しました[16]（図2-7）。

　制御棒駆動機構ハウジングとは、制御棒駆動機構を覆っている金属製の筒で、その支持金具はハウジングが破損して落下した場合にこれを支持するために設けられた機器です。北電は、①志賀原発1号機は全燃料が取り出された状態だった、②支持金具は、全燃料取り出し中は機能を要求されない、③支持金具が適切に取り付けられていることを2012年に確認している、④したがって今回の部品脱落は能登半島地震の影響によるものと推定した、⑤脱落した支持金具は「安全上重要な機器等」に該当しない、と述べています。[16]

　制御棒駆動機構の部品脱落について発表した文書からは、「何の問題もない」ということを何としても主張したいという北電の意思が透けて見えます。それだけではなく、制御棒駆動機構に注目してほしくないという考えが北電にはあるのではないかと、筆者は推測しています。なぜなら、2007年3月に北電と志賀原発の名を日本中に知らしめた重大事故が、ここで起こったからです。その事故とは、1999年6月18日の深夜に発生した志賀原発1号機の臨界事故です。なぜ8年の時間差があるかというと、その間ずっと、北電はこの事故の発生を隠していたからです。

第2章　能登半島地震と志賀原発の被害

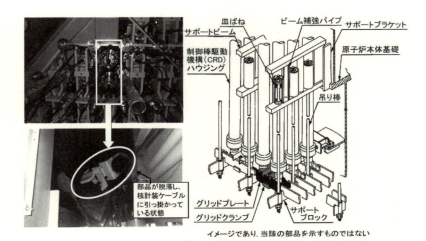

図2-7　脱落した支持金具の構成部品（左）と制御棒駆動機構ハウジング支持金具（右）
出典：北陸電力,志賀1号機 制御棒駆動機構ハウジング支持金具構成部品の一部脱落について、2024年4月12日

（2）制御棒駆動機構とはどんなものか

　さて、この制御棒駆動機構、いったいどんな装置なのでしょうか。そのことをご説明する前に、原子力発電の仕組みについて少しだけお話しします。

　発電所では、いろいろなエネルギーを使って発電機を動かし、電気を作ります。水力発電は高い所から水が落ちてくる力（位置エネルギー）で、火力発電は石炭や石油などを燃焼して出る熱（化学エネルギー）で水を水蒸気にし、それぞれタービンを回して、発電機を動かしています。次に原子力発電ですが、原子核が分裂する時に出る熱（核エネルギー）で水を沸騰させ、できた水蒸気の勢いでタービンを回して発電機を動かしています。原子力発電は火力発電とよく似ていますが、それもそのはず、原子力潜水艦で使われた原子炉を陸にあげて、火力発電の技術と合体させて作ったのが原子力発電なのです。

　原発は、①核燃料にどんな物質を使っているか、②減速材に何を使って

いるか、③冷却材は何かでいろいろなタイプがあります。例えば志賀原発は、①低濃縮ウラン、②減速材は軽水（普通の水）、③冷却材も軽水を使っていて、「軽水炉」というタイプです。ちなみに日本の商業用原発はすべて、軽水炉です。

軽水炉は水を沸騰させる方法の違いで、沸騰水型（BWR）と加圧水型（PWR）に分けられます（図2-8）。

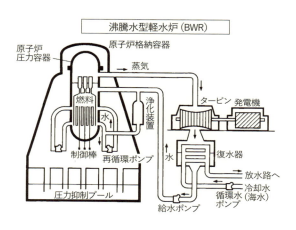

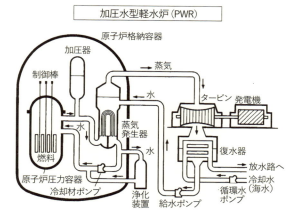

図2-8　沸騰水型軽水炉（BWR、上）と加圧水型軽水炉（PWR、下）
出典：赤塚夏樹、日本の原発は安全か、大月書店（1992）

沸騰水型は原子炉（燃料棒や制御棒などがあって、核分裂連鎖反応を制御しながら行う装置）で直接、冷却材の水を沸騰させて、水蒸気をタービンに送って電気を作ります。タービンを回した後の水蒸気は、復水器という熱交換器で冷やされて水に戻り、ポンプで再び原子炉に送り返されます。復水器には大量の水が必要で、100万kWの原発（日本で標準的な大きさの原発）では1秒

間に 70 トン（t）にも達するため、日本のすべての原発で海水を使っています。

　加圧水型は原子炉に 158 気圧という高い圧力をかけるので、300℃になっても水は沸騰しません。高温の水は蒸気発生器（熱交換器の一種。熱交換器とは、高温の物体と低温の物体（蒸気発生器の場合は両方とも水）の間で熱のやり取りをすることで、物体を加熱したり冷却したりする装置）に送られて、数万本もの細い管の中を流れます。管の外には別の水が流れていて加熱され、沸騰して水蒸気になってタービンに送られます。原子炉を流れる水を一次系、蒸気発生器で熱を受け取って沸騰する水を二次系といいます。

　ところで原子爆弾と原子力発電はいずれも、核エネルギーを利用しています。両者で何が違うかというと、原子爆弾は核分裂の連鎖反応を一気に起こして、一瞬のうちに莫大なエネルギーを発生させます。一方、原子力発電は中性子の数を調整して、連鎖反応をゆっくり行わせています。

　原子力発電で核分裂連鎖反応をゆっくり行わせるためには、核分裂反応で発生する中性子の数を調整する必要があり、その役目を持っているのが制御棒です。制御棒は中性子を吸収しやすい物質でできていて、1 つのウラン 235 が核分裂したら次の核分裂も 1 つ起きる（この状態のことを臨界といいます）ように、中性子の数をコントロールしています。

　制御棒の出し入れの仕方は BWR と PWR では違っていて、BWR では制御棒を挿入する時は原子炉の下から重力に逆らって上に押し上げ、PWR では原子炉の上から下に向かって挿入します（図2-9）。この「上からか・下からか」は、後の話で大事なポイントになるので、ぜひ覚えておいてください。

　図2-9 を見ると、BWR では原子炉の下、PWR では原子炉の上に「制御棒駆動機構」という文字が見えます。ここまで読んでくださった方はすでにお気づきと思いますが、制御棒駆動機構がいったいどんなものかというと、制御棒を原子炉の中に入れたり出したりする装置なのです。

　そして、1999 年の志賀原発 1 号機の臨界事故は、この制御棒駆動機構の誤動作によって起こりました。

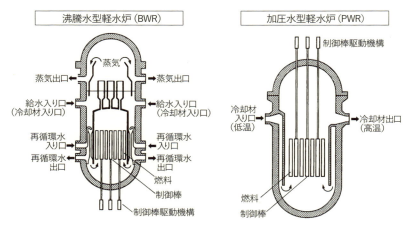

図2-9　BWR（左）とPWR（右）の原子炉圧力容器
出典：赤塚夏樹、日本の原発は安全か、大月書店（1992）

（３）志賀原発臨界事故はどんな事故だったのか

　臨界事故が発生したのは1999年6月18日の午前2時すぎですが、北電は会社ぐるみでこれを隠蔽しました。隠し通すことができなくなって事故が発覚したのは、臨界事故の発生から8年が過ぎた2007年3月15日のことでした。

　隠蔽が明らかになったのは、2006年11月30日に原子力安全・保安院（当時）が中国電力によるデータ改竄問題を受けて各電力会社に総点検を指示し、北電が実施した社内調査中のことです。2007年3月11日、課長クラスの職員が「未報告の事象がある」と告白し、北電は3月15日に臨界事故の隠蔽を発表しました。そもそも、この臨界事故は定期検査の最中に発生したのに、国は電力会社からの報告があるまで把握できなかったのです。

　臨界事故が起こった前日の20時すぎから、志賀原発1号機では制御棒を1本ずつ挿入して挿入速度を測定する試験（単体スクラム試験）を行っていました。この時、原子炉は圧力容器の上蓋と格納容器の上蓋の両方が外された状態でした。

第2章　能登半島地震と志賀原発の被害

　翌18日の2時8分頃、単体スクラム試験がすべて終了したので、次に制御棒1本の急速挿入試験を行うため、他の制御棒が動作しないように、残りの88本の制御棒駆動機構の弁を適当な順番で（傍点は筆者。以下同じ）次々閉める作業を開始しました。ところが2時17分、制御棒3本が全挿入位置から勝手に引き抜け始めて、2時18分に原子炉は臨界状態になりました。原子炉圧力容器と格納容器の上蓋が開いた状態で、臨界になったのです。同時刻に原子炉スクラム（緊急停止）信号が発生しましたが、緊急挿入に失敗。一方、制御棒の引き抜きは止まりました。2時25分に当直長の指示で引き抜いた3本の制御棒駆動機構の弁を開く操作を行い、制御棒の挿入が始まりました。2時33分に制御棒が全挿入となり、臨界状態は収束しました。

　臨界事故を引き起こした原因は、弁を閉める順序を間違えたことでした。制御棒駆動機構の弁を適当な順番で閉めていたら、知らず知らずのうちに図2-10左のような水の流れができて、制御棒が引き抜かれてしまったのです。言い換えれば、志賀原発1号機は弁を閉める順序を間違っただけで、原子炉の暴走につながりかねない危険な状態に陥る設計だったわけです。

　電力会社は通常、運転員の誤操作や機器の誤動作が原発の安全性に大きな影響を与えないように、インターロック・システム（人間の愚かしい操作に対して安全であるような設計をフールプルーフといい、運転員が誤って制御棒を引き抜こうとしても引き抜けないようにするなど、誤操作を機械的・電気的に受け付けないように設計されたシステム）や、フェイルセーフ・システム（機器や系統の一部に故障が生じた場合、それが波及して事故に発展することのないように安全側

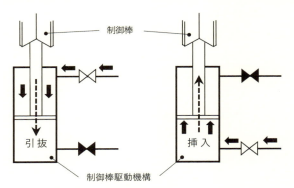

図2-10　制御棒の引抜（左）と挿入（右）

に機能するように設計されたシステム）の設計を採用しています。ところが臨界事故を起こした志賀原発は、フェイルセーフやフールプルーフが働いていませんでした。

　安全概念には、ウォークアウェイ・セーフティーという考え方もあります。これは何か事故が発生した場合、人があちらのスイッチを押し、こちらの弁を閉じるなど、いろいろな手を加えることなく、その場から立ち去っても（ウォークアウェイ）、事故がひとりでに収まり安全な方向に向かうという考え方です。これは、安全な装置が備えているべき基本的な条件なのですが、志賀原発１号機は人がすべてを放置して立ち去ったら、炉心に挿入されていた制御棒が重力の法則にしたがってひとりでに落下し、原子炉が臨界になって動き出してしまったのです。志賀１号機臨界事故は、BWRが構造的不安全性を抱えていることを示したといえるでしょう。[17]

（４）臨界事故発生後、会社ぐるみで隠蔽を決定

　臨界事故が発生した志賀原発では、発電課長が当直長から発生の連絡を受けて所長ら関係者に連絡し、14人が発電所内の緊急時対策所に集合しました。この時すでに、外部への第一報の目安である30分を大幅に経過していました。

　緊急時対策所での会議では、参加者の多くに大変な事が起きたという認識があり、「臨界ではないか」との発言もありました。しかし、発電所長は公表しないことを決断し、原子炉主任技術者である次長もこれに異論を述べませんでした。隠蔽は発電所トップの指示で行われ、原子炉の保安・監視にあたるべき原子炉主任技術者がこれに関与したのです。隠蔽会議の際、警報が発せられたことを示す中央制御室の記録紙が廃棄されました。発覚後の聞き取り調査に対して、複数の職員が「これでいいのかと疑念はあったが、異論を唱えられなかった」と証言しています。

　隠蔽決定の後、発電所と北電本店原子力部・東京支社・石川支社の間でテレビ会議が行われました。会議では、誤信号であるとの報告に異論は特に出なかったとされます。発電課長はその後、当直長らに引継日誌に事故

に関する事項を記入しないよう指示しました。隠蔽のために、炉心中性子束モニタの記録紙に「点検」という虚偽の記載も行われました。

　北電は、本店や当時の経営層の関与は認められなかったと発表しましたが、当時発電所の所長代理として事故隠しの協議に参加していた人物は、発覚時点には常務取締役を務めていました。さらに、志賀１号機臨界事故の直後には、同原発の担当者から日立製作所の技術者の自宅に「制御棒が３本抜けた場合にどうなるかを解析してほしい」という問い合わせの電話がありました。技術者は抜けた制御棒の位置や燃料の状態などの情報を受け、出社して直属の上司とともに解析し、「臨界状態になる」との結論を発電所側に伝えました。しかし志賀原発側は臨界事故が起きたとは説明せず、「今回の件は、上司にも他言無用にしてほしい」と指示したため、日立の技術者は臨界状態が起きた可能性を把握しつつも、日立社内に情報を伝えませんでした。

　北電は 2007 年 5 月 21 日、志賀原発１号機臨界事故隠蔽などの一連の不正をふまえた「発電設備に関する再発防止対策の具体的な行動計画」をとりまとめて、経済産業省に報告しました。この「行動計画」には、「隠さない企業風土づくり」と「安全文化の構築」を柱にして、28 項目の対策が書かれました。ところが北電のいう「安全文化」なるものは、「原発の安全性を工学的安全装置だけに頼るのではなく、全原発業務にたずさわる個人、機関、体制すべてがもつべき安全を守る責任感と献身」を意味するセイフティ・カルチャーとはまったく異質のものだったようです。[18]

第３節　臨界事故発覚から３年、志賀１号機で制御棒誤動作事故が連続

（１）半年で立て続けに３回の誤動作

　志賀原発１号機では臨界事故の発覚から３年後の 2010 年、制御棒の誤動作事故が半年に３回も立て続けに起こりました。

最初は、6月24日の制御棒誤挿入事故です。事故発生時は全燃料が原子炉内から使用済燃料プールに取り出され、全ての制御棒が引き抜かれている状態で、制御棒1本が原子炉内に挿入されていました。その制御棒の外観点検で、制御棒表面にこすれた跡が見つかりました。制御棒の水圧制御ユニット1体ずつの漏洩試験のため、試験用の仮設ポンプで加圧したところ、水圧制御ユニットの挿入側隔離弁が開いていたため、加圧水により制御棒が原子炉内に挿入されました。開いていた挿入側隔離弁は、前日に実施した制御棒に係る別の作業で開けた際に、閉め忘れていたのでした。北電はこの事故の発表にあたって、原子炉内の全燃料の取り出し後に起こったことを強調しました。ところが1999年の臨界事故とこの制御棒誤挿入事故は、制御棒が動いた方向が正反対であっただけで、誤動作が起こったメカニズムは同じです。臨界事故では図2-10の左のように、引抜側の弁が開いていたため制御棒が引き抜かれました。一方、誤挿入事故では図2-10の右のように、挿入側の弁が開いていたため挿入になったのでした。
　2回目は、8月21日に発生した制御棒の誤引抜事故です。北電はこれを発表せず、11月4日に原子力安全・保安院が保安規定違反のまとめで公表したことで、事故の発生が明るみになりました。
　この事故は、制御棒駆動機構のエアーベント（配管内の空気を取り除く）作業中、制御棒駆動機構の空気抜き弁が閉じられていたのに開閉用タグ「開」が取り付けられていたため、制御棒1本が約30センチメートル（cm）引き抜かれたというものです。現場確認していた発電課員は、弁を操作した作業員に誤りを指摘したのですが、その情報が中央制御室に伝わる前に弁操作が行われてしまいました。北電は「安全上の問題はない」「もともと抜くことを想定した検査」と理屈をつけて、事故を公表しませんでした。
　3回目は、原子炉を起動中の12月13日、制御棒1本の引抜操作を行ったところ、「制御棒ドリフト（計器の指示値が変動すること）警報」が発生し、当該制御棒が予定していた2ノッチ（ノッチは制御棒の移動量を示す単位で、1ノッチ＝約15cm。全挿入から全引抜位置への移動は24ノッチ）引き抜け位置より、さらに3ノッチ引き抜ける事故が起こりました。
　志賀原発で2010年6〜12月の半年で3回も制御棒誤動作事故が起こっ

たことは、北電が臨界事故発覚後に発表した「臨界事故再発防止策」に実効性がないことを実証しました。また北電の隠蔽体質も、まったく変わっていませんでした。

（2）吉井英勝衆議院議員の紹介で原子力安全・保安院から聞き取り

石川県の住民運動は2010年12月24日、志賀原発1号機で制御棒誤動作事故が連続して発生していることについて、北電から説明を聞きました。北電は、「全国で、年に数件、起こっていると認識している。異物をかみこんだ事例もある」と述べました。原子炉の出力をコントロールする制御棒の動作の信頼性がないのは、看過できない問題です。さらに、制御棒で意図せぬ引き抜けが「全国で、年に数件」の頻度で起こっているのが事実だとすれば、これはきわめて重大な問題といわざるを得ません。

志賀原発1号機の制御棒誤動作問題に関して、吉井英勝衆議院議員（当時）の紹介で2011年3月3日（東日本大震災の発災8日前）、筆者は衆議院第二議員会館の同議員室で原子力安全・保安院（当時）から詳細な聞き取りを行いました（図2-11）。以下は少々長いのですが、その時のやり取りの記録です[19]。

図2-11 志賀原発で続発した制御棒誤動作事故に関する吉井英勝衆議院議員（奥側の右）と筆者（左）による原子力安全保安院（当時、手前側）からの聞き取り（2011年3月3日）

筆者「北陸電力（北電）に説明をきいて、これはどういうことかなと思ったのは、2010年12月の引き抜けは、2ノッチ抜こうとしたら、さらに3ノッチ抜けてしまって、計5ノッチ、制御棒が抜けたというものだった。全国で意図せぬ引き抜けが毎年、数件起こっているという説明もあった。あまり重大視をしているというような言い方ではなく、その程度の意図せぬ引き抜けはあまり大したことではない、と北電がいっているよ

うに思えた。北電は『ほとんどはきちんと動いている』と説明したのだが、『ほとんどがきちんと』というのは、全部がきちんと動いているということではなく、一部で問題が起こっているということではないか。そのへんの実態はどうか」

保安院「北陸電力の考えなので、むずかしいところはあるが、我々は法令報告に該当するものは厳正に処する。原因を調べて、それに対する再発防止をしっかりと打つという姿勢で臨んでいる。私、2ノッチ引き抜こうとして、さらに3ノッチ引き抜けたというのは、聞いたことがない。彼らの中でしっかりと受け止めて、放置をせずに対処をしていれば、それをやっていれば問題はないのかな、と。ただ、それをそこまで軽視して問題はないんだ、再発防止策を自分たちの品質保証制度の中でやっていかないとなると、それはそれで問題ではあるかな、と思う」

吉井議員「1999年の臨界事故のことがあって、対応をとっていった。そしたら、何が問題かということで、これとこれだと。その後、さっきもいってはったように、あれ、意外と法令違反があるじゃないのと。法令違反に至らない、報告がきたものきていないものを含めて、こういうトラブルがあるということになってくると、これは電力側の技術屋さんのレベルが落ちているのか、そこに納品しているメーカーサイドの、あるいはその下の部品メーカーサイドの技術力が落ちているのかとか、工程管理能力が落ちてきているのかとか、そういうことも、いま話をうかがっていて、アレレと思った。そのへんのことを、検討しているんですか」

保安院「一般的な話になってしまうが、原子力の人材がいわゆる日本の原子力右肩上がりの時代に比べて、減っている。あるいは団塊の世代がいなくなることでの危機感があって、資源エネルギー庁のほうではもっぱら人材育成に力を入れる、実務継承に力を入れるという政策をとっている、ということが現実問題としてある。ただ、個々のトラブル事象をとらえて、それがはたしてメーカーの総合的な力の低下だとか、職人さんの能力の低下だとか、ちょっとすみません、判断しかねるところがある」

筆者「制御棒の問題で、同じような事故が続いているというのは、北陸電力の事故対応の体制そのものに問題があるのではないか。2010年12月に志賀1号機で、再循環ポンプの軸封部のトラブルで手動停止して、そこの部品を

第 2 章　能登半島地震と志賀原発の被害

交換したのだが、2011 年 2 月末に同じところで、まったく同じ事故が発生している。その際も、地元紙によると、北電の原子力部の記者発表での説明は、『前回と同じような問題なので、10 日もあれば交換できるから』とあっけらかんとした説明をしたのを、広報の人が『いえいえそうじゃなくて、運転再開は未定です』と慌てて取り消した。地元紙もあまりに緊張感がないと報じる状況だ。事故に真摯に向き合って、それを水平展開して情報共有で、同じことは基本的に二度と起こさないというところに、北電には不十分さがあるように思えてならない」

保安院「品質保証制度では、問題を起こしたところ以外にも、その問題を起こしたものに対して行った対策を、予防措置として、例えば水平展開ですよね、行うことをルール上で明記している。そこが効いていないとすると、事業者に求めている品質保証制度がうまく機能していない、ということにもなるので、そこのところは品質保証制度がうまくまわっているかどうかということは、保安検査官などでもチェックして、問題があれば指導はできるので、それはやっていきます」

吉井議員「この種の問題はまず、データを手に入れる。細かいものでもね。それを分析して、原因がどこにあるかとか、分析の結果、こういう対応が必要だとか、それをまず明らかにして、そこから出てくる教訓を水平展開するという、まぁ、普通のやり方ですね。まず、普通のやり方を、入り口のところからやっていただくのが大事じゃないんですかね。そうすると、北陸電力に対しても、キチンといえるわけですよね。データをしっかり持っておかないと、向こうがムニャムニャムニャッと言い訳をしたら、それに対して、あなたいったい何をいっているんだと。あなたのところのデータを見ていてもこうじゃないか、ということをピシッといえないとね、なかなか指導にはなりませんわね。いま、児玉さんからお話のあったことはやっていただくということで」

保安院「やらなければならないということで。事業者もやらなければならないことですし、うちも保安検査で、しっかりまわっているところを見なければならないので。今日、受けた話に即して、北陸電力の資料も見て保安検査官にしっかり伝えることにします」

（３）制御棒の動作に信頼性がない！

　衆議院第二議員会館の吉井英勝衆議院議員室での原子力安全・保安院からの聞き取りで、次のことが分かりました。

① 原子炉等規正法は事故・故障が起こった場合、報告することを定めており、2007 年に法令報告の対象に、「操作を行っていない制御棒が所定の位置から移動等したとき」を新たに加えて、制御棒の異常な動きについても報告を求めた
② これに基づく報告は 7 件で、東京電力が 4 件（福島第一 3 号 2 件、福島第二 3 号 1 件、柏崎刈羽 3 号 1 件）、東北電力が 2 件（女川 1 号 1 件、女川 3 号 1 件）、中国電力が 1 件（島根 1 号 1 件）。いずれも引き抜けではなくて過挿入、入りすぎたという異常な動きである
③ 志賀原発 1 号機の制御棒誤動作については、連絡は受けたが、法令報告には該当しないという処理をした
④ 志賀 1 号機で 2010 年 12 月、小さい異物をかみ込んで水が止まらなくなり、制御棒が引き抜けを起こした。この事故のように、ガスケット（固定用シール材）の変形によって水が止まる状態に復帰したケースが、他の原発でも起こっているのかを聞いたところ、保安院側は「聞いたことがない」と答えた

　吉井英勝議員は、「法令には該当しない制御棒の引き抜けが非常に多いとなると、軽い事故の積み重ねの中から、大きなものに発展することもあり得る」と指摘して、法令報告に該当しない制御棒誤動作も公表することを求めました。その結果、後日、保安院から「2008 年 4 月 1 日〜 2011 年 3 月 3 日に発生した制御棒の動作不良を伴う事象」のリストが届きました。表 2-1 はその概要です。
　これによれば、法令報告 7 件のほかに、法令報告に該当しない制御棒誤動作事故が 12 件も発生していました。法令報告 7 件と法令報告外 12 件を合わせた 19 件を発生年別に分類すると、2008 年は 6 件、2009 年は 8 件、

第2章　能登半島地震と志賀原発の被害

表2-1　2008年4月1日〜2011年3月3日に発生した制御棒の動作不良事故

事業者	ユニット名	炉型※	発生日	事故の内容	法令報告
原　電	東海第二	BWR	2008.4.2	定期検査中に制御棒が誤挿入	
中　部	浜岡5号	ABWR	2008.4.22	定期作動試験時に制御棒駆動機構が動作不良	
東　京	福島第一4号	BWR	2008.7.17	定期検査中に制御棒が誤引き抜け	
中　部	浜岡5号	ABWR	2008.9.21	定期検査中に制御棒が誤挿入	
中　部	浜岡5号	ABWR	2008.10.26	定期検査中に制御棒駆動機構が動作不良	
東　京	福島第二3号	BWR	2008.11.7	定期検査中に制御棒が過挿入	○
東　北	女川1号	BWR	2009.3.23	制御運転のために起動操作中、制御棒が誤挿入	○
東　京	福島第一3号	BWR	2009.3.26	定期検査中に制御棒が過挿入	○
中　国	島根1号	BWR	2009.3.26	定格熱出力一定運転中に制御棒が誤挿入	
中　部	浜岡4号	BWR	2009.3.27	定期検査中に制御棒が誤挿入	
東　京	福島第一3号	BWR	2009.4.6	定期検査中に制御棒が過挿入	
中　部	浜岡5号	ABWR	2009.4.23	定期作動試験時に制御棒駆動機構が動作不良	
東　北	女川3号	BWR	2009.5.28	定期検査中に制御棒が誤挿入	○
関　西	美浜1号	PWR	2009.11.6	原子炉起動前の動作確認時に制御棒が過挿入	
四　国	伊方2号	PWR	2010.2.5	通常運転中に制御棒位置表示が異常に	
北　陸	志賀1号	BWR	2010.6.24	定期検査中に制御棒が誤挿入	
北　陸	志賀1号	BWR	2010.8.21	制御棒駆動機構エアベント中に制御棒が誤引き抜け	
東　京	柏崎刈羽3号	BWR	2010.12.1	燃料装荷作業中に制御棒が誤挿入	○
北　陸	志賀1号	BWR	2010.12.13	原子炉起動中に制御棒が誤引き抜け	

※ BWR:沸騰水型軽水炉、ABWR:改良型沸騰水型軽水炉、PWR:加圧水型軽水炉
出典:原子力安全・保安院(当時)提供

2010年は5件でした。2010年の5件のうち3件が、志賀原発1号機で起こっていました。

　志賀原発1号機で連続して起こった制御棒の誤動作事故は、確かに日本各地の原発でも起こっていたわけです。そして誤動作は、制御棒を重力に逆らって原子炉の底から挿入するBWRだけでなく、制御棒を原子炉上部から挿入するPWRでも起こっていました。東日本大震災の発災8日前に行った聞き取りで分かったのは、原子炉の出力をコントロールする制御棒の動作の信頼性がないという重大な問題です。

　筆者は、能登半島地震の後に見つかった制御棒駆動機構の構成部品の一部の脱落によって、志賀原発1号機の重大事故に至るとは考えていません。一方、制御棒駆動機構が1999年6年に臨界事故を発生させ、この事故の隠蔽発覚から3年後の2010年にも半年で3回の誤作動を発生させたことを真摯に受け止めているならば、この装置でトラブルが発生したことを「何

の問題もない」と言い切ることはしないはずだと考えています。北電の体質は、相変わらず変わっていないようです。

第4節　志賀原発は今、どうなっているか
　　——長期停止中の状態は、原子炉の蓋を開けた1気圧の下では知りようがない

　志賀原発は1号機、2号機ともに、2011年3月に発生した福島第一原発事故の後、10年以上にわたって運転を停止しています。このように長期にわたって停止している原発では、冷却水の循環は運転時とはまったく異なっており（炉心は燃料を装荷していないので、冷却水は循環していない）、制御棒もすべて抜いた状態にあり（燃料集合体を抜いた状態で制御棒を入れておくと、倒れてしまう可能性があるため）、主蒸気弁からタービン側と圧力容器から給水管までの間の配管は水を抜いて乾燥して管理するなど、運転時とは状態がまったく違っています。そのため停止中は、タービンを月1回程度、1分間に3回ほどのゆっくりした回転で運転する試験などを行っていますが、運転中に冷却水を循環させるポンプについては、原子炉の起動前に運転時と同じ圧力で試運転するまで異常があるか否かを確認することができません。

　筆者は、長期にわかって運転を停止している志賀原発について、健全性がどのようにチェックされているのかに強い関心をもっていました。そういった中で北電は、石川県原子力環境安全管理協議会において看過できない発言をしました。2022年7月26日に開催された同協議会で、2011年以降は運転を停止している志賀原発に関して委員から質問があり、北電が「停止中は起動や停止がないため、プラントの状況は運転中よりもいいと考える」という趣旨の答弁をしたのです。

　この問題をふまえて石川県の住民運動は2022年8月25日、事前に提出していた「停止中の原発についての質問」への回答を北電から聞き、私も参加しました。以下はその時のやり取りです。[20]

第2章　能登半島地震と志賀原発の被害

住民運動「冷却水を循環させるポンプの健全性について、停止中にどのような試験をしているか。常圧ではなく、運転時と同じような圧力をかけて循環する試験はしているか」

北陸電力「原子炉の水の冷却系については、プラントの停止中は外観の点検や分解点検を行って、大気圧での試運転を行っている。原子炉の運転中に冷却水を循環させるポンプについては、原子炉起動前に運転時と同じ圧力で試運転を行って、設備異常がないかを確認する」

住民運動「制御棒の健全性はどのようにして確認しているか。もし炉心から核燃料をすべてプールに移している状態ならば、燃料装荷時の制御棒の健全性はどんな試験によって担保されているか」

北陸電力「制御棒については中性子を吸収する能力を評価して、健全であることを確認している。再稼働ということになれば、再稼働の前に制御棒の動作について点検などにより健全性を確認することになる」

住民運動「タービンの健全性はどのようにして確認しているか」

北陸電力「現状は定期検査中なので、タービンを開放して、タービン各部の傷・割れ・変形・腐食などがないか目視、浸透探傷試験などで健全性を確認した後で、現在は組み立て・復旧が完了して保管状態を継続している。原子炉を起動するということになったら、必要な点検を行った上でタービンを駆動することになる」

住民運動「志賀原発は1号機、2号機ともに10年以上にわたって運転を停止しているが、このような長期間にわたって運転していないプラントの健全性に関する研究は行われているのか」

北陸電力「長期間使用する場合には機器の性能低下などが起こりうるが、想定される経年劣化の事象や健全性の評価については、国内外の研究成果や運転経験などから得られている。そういったものは原子力学会の基準や国のガイドとして取りまとめられている」

住民運動「従来の定期検査による停止と、2011年からの停止はほぼ同じだと認識しているのか」

北陸電力「ほぼ同じということだが、細かいことをいうと、そのような長い間分解・

点検はしていない。分解・点検をして基準を満足しているかというと、そのままの状態になっている。外観点検をして、水漏れがないとか油漏れがないとか、そういったことでその機器の健全性を確認して、それをずっとしている。最後にはもう一度試運転をしてちゃんと動くかを確認するということになるので、いつものような定期検査がずっと続いているかというと、それはちょっと違うところもある」

住民運動「2022 年 7 月 26 日に開催された石川県原子力環境安全管理協議会では、北陸電力から『停止中は起動や停止がないため、プラントの状況は運転中よりもいいと考える』という趣旨の説明があった。ここで言われていた『状況は運転中よりもいい』というのは、プラントのどのような状況に関して述べられたことか」

北陸電力「長期停止期間中については、原子炉の起動・停止を繰り返す場合に比べて、機器への中性子の照射、温度や圧力の変化がないということから、中性子照射脆化や低サイクル疲労などの一部の経年劣化事象が進展しにくい、ということを説明した。起動・停止を繰り返しているよりも、ずっと停まっていたほうが経年劣化や中性子の影響とかが少ないので、影響が少ないということをいいたかったようだ。これは言葉足らずもいいところなのだが、運転中よりもいいという表現になってしまった」

　北電からの聞き取りで分かったことは、冷却水を循環させるポンプ・制御棒駆動機構・タービン・配管や弁などの運転状態（73 気圧、285℃）での健全性は、起動させる直前の試験でないと確認できないということです。すなわち、長期停止中のプラントがどのような状態にあるのかは、原子炉の蓋を開けて常圧（1 気圧）になっているもとでは、知りようがないということにほかなりません。[20]

　そもそも 10 年以上にわたって停止していた BWR で、営業運転を再開した例は世界を見わたしてもないと思われます。能登半島地震で被災した志賀原発の評価にあたっては、ここまで述べてきたさまざまな問題を内在させているプラントであることも念頭に置いておく必要があるでしょう。

第2章　能登半島地震と志賀原発の被害

〈参考文献と注〉

1) 北陸中日新聞、2024年1月11日．
2) 朝日新聞、2024年1月11日．
3) 毎日新聞、2024年1月13日．
4) いろいろな固有周期（建築物や構造物が揺れやすい周期）を持つさまざまな建築物や構造物に対して、地震動がどの程度の揺れの強さ（応答）を生じさせるかをわかりやすく示したもの。出典：地震調査研究推進本部、https://www.jishin.go.jp/resource/terms/tm_response_spectrum/（2024年5月31日閲覧）．
5) 渡辺三郎、原発構造物の耐震性は万全か、藤井陽一郎編、地震と原子力発電所、新日本出版社（1997）．
6) 原子力規制庁、令和6年能登半島地震における原子力施設等への影響及び対応、2024年1月10日．
7) 北陸中日新聞、2024年7月25日．
8) 北陸電力、令和6年能登半島地震以降の志賀原子力発電所の現況について、2024年4月26日．
9) 北陸電力、志賀原子力発電所1号機送電系統の停電に伴う原子炉手動停止について、2005年4月2日．
10) 北陸電力、50万ボルト能登幹線の運用再開について、2006年6月13日．
11) 吉井英勝衆議院議員（当時）の2011年9月17日の金沢市歌劇座での講演．
    原発問題住民運動石川県連絡センターFAXニュース、2011年9月18日．
12) 北陸電力、志賀原子力発電所1号機非常用ディーゼル発電機の試運転中における自動停止について、2024年1月17日．
13) 毎日新聞、志賀原発の非常用電源停止は「人為的ミス」 規制委員長が認識、2024年1月31日．
14) 毎日新聞、志賀原発　トラブル続出、2024年1月13日．
15) 朝日新聞、経産省、北陸電に正確な情報発信指示　訂正続く志賀原発

の発表めぐり、2024 年 1 月 10 日．
16）北陸電力、志賀 1 号機 制御棒駆動機構ハウジング支持金具構成部品の一部脱落について、2024 年 4 月 12 日．
17）舘野淳、達成されていなかったウォークアウェイ・セーフティー－「志賀原発制御棒脱落事故の意味するもの、**NERIC News**、2007 年 4 月号．
18）赤塚夏樹、日本の原発は安全か、大月書店（1992）．
19）原発問題住民運動石川県連絡センター FAX ニュース、2011 年 3 月 8 日．
20）原発問題住民運動石川県連絡センター FAX ニュース、2022 年 8 月 30 日．

第3章

能登半島地震が
実証した
日本の原子力防災体制の
問題点

現在の原子力防災計画では、志賀原発から 30km 圏内に暮らしている約 16 万 4000 人（石川県が約 15 万 2000 人、富山県が約 1 万 2000 人）と観光客などの人々は、原発事故が起こったら緊急避難することになっています。石川県の約 15 万 2000 人のうち、志賀原発以北に住む約 2 万 9000 人は奥能登の 3 市町へ、原発以南の約 12 万 3000 人は加賀地方など 4 市町に、主に自動車で避難するという計画です。[1]

　筆者は、30 年以上にわたって石川県原子力防災計画・同訓練を研究・視察し、この計画に書かれた避難道路のすべてを車で通ってきました。そのことをふまえて、大地震と原発のシビアアクシデント（過酷事故）が同時に起こったならば、多くの人々がいっせいに避難することは不可能であって、こんな想定をしている原子力防災計画は「絵に描いた餅」であると指摘してきました。[2,3] 能登半島地震によって、不幸にもそれが実証されてしまいました。

　原発の立地する志賀町の稲岡健太郎町長は地元紙のインタビューに答えて、「海にも空にも逃げられない」「首長として以前のように安全性をアピールすることは難しい」と述べましたが、被災した住民の心情をふまえた当然の発言だったと思います。[4]

　第 3 章では、能登半島地震のもとで原子力防災体制がどのように機能したのか、それともしなかったのかについて分析します。

第 1 節　日本の原子力防災体制を振り返る

　能登半島地震の 13 年前に発生した福島第一原発事故によって、それまでの日本の原子力防災体制は崩壊してしまいました。能登半島地震と原子力防災体制の問題を考えていくために、福島第一原発事故の際になぜそうなってしまったのかを知ることが不可欠だと思います。

　これを知るために、世界と日本の原子力防災体制の歴史をふり返ってみます。

第3章　能登半島地震が実証した日本の原子力防災体制の問題点

（1）原発はなぜ、「危ない」といわれるのか

　歴史の話に入る前に、原子力発電の基礎について少しだけお話しします。
　ところで火力発電と原子力発電は、いずれも水を沸騰させて水蒸気の勢いで電気を作っています。発電の仕方はよく似ているのに、原子力発電は危ないといわれていて、火力発電はそうでもありません。なぜ、こんな違いがあるのでしょうか。
　火力発電で配管から水蒸気が漏れると、発電の効率は下がりますが、漏れた水蒸気そのものに問題はありません。ところが原子力発電では、水蒸気漏れは重大な事故です。原子炉を通っている水には放射性物質が含まれているので、水蒸気が漏れるのは放射性物質が漏れることを意味するからです。
　原子力発電が危ないといわれる第1の理由は、原子炉に大量の放射性物質があることです。事故が起きれば、放射性物質が外に漏れ出す可能性があります。
　そして、原子力発電が危ないといわれる第2の理由は、止めても熱を出し続けることです。例えば、電気ポットでお湯を沸かしていても、スイッチを切れば熱は発生しなくなります。火力発電も同じで、石油やガスの供給弁を閉めれば、ただちに熱の発生は止まります。ところが原子力発電は核分裂反応を止めても、原子炉では熱が出続けます。なぜなら、燃料の中にたまっている放射性物質が、大量の崩壊熱を出すからです。
　福島第一原発1～3号機は、大地震によってすべての電源が失われて原子炉の冷却ができなくなり、電源なしで炉心を冷やす最後の砦となる装置も機能しなくなり、炉心で発生し続けた崩壊熱によってついに日本初のシビアアクシデントに至ったのでした。
　福島第一原発事故が起こる前に、世界では2つのシビアアクシデントが起こっています。1つはアメリカで1979年3月28日に起こったスリーマイル島（TMI）原発事故、もう1つは旧ソ連で1986年4月26日に起こったチェルノブイリ（ウクライナ語ではチョルノービリ）原発事故でした。そして、これらの事故をふまえた対応は、欧米各国と日本でまったく違って

いました。

（2）米ソでシビアアクシデントが起こったのに、「日本では起きない」

　アメリカなどで原発の商業化が進み始めたのは、1960年代でした。この頃、原発には何重もの防護の仕組みと多くの安全装置があるから、大量の放射性物質を放出するシビアアクシデントは起こらないといわれていました。

　ところが、1970年代に多くの商業用原発が建設されるようになると、科学者や技術者から原発の大事故で多くの人が死んだり、汚染地域に人が住めなくなったりする危険があるという指摘が相次ぎました。そうした中にアメリカで、非常用炉心冷却装置（ECCS、原子炉圧力容器の中から水などの冷却材が失われる事故が起こった際に、直ちに冷却材を注入して炉心を冷却する安全保護装置）が原発事故の際に有効に働くのか否かを確かめる実験（LOFT計画）が、1966年から始まりました。

　LOFT計画によって、ECCSは原発事故の際に有効ではないことが明らかになりました。科学者や技術者の危惧が、現実のものとなったわけです。ところがアメリカ・原子力規制委員会（NRC）などは、そんな大事故が起こるのは隕石が人に当たるほどの小さい確率にすぎないと主張しました。

　そして1979年にTMI原発事故が起こりました。この事故によって原発は大事故を起こさないという「神話」は崩壊し、ヨーロッパ諸国やアメリカでは、シビアアクシデントをいかに防ぐかという安全研究が始まり、シビアアクシデントに対応した原子力防災対策が求められるようになりました。

　TMI事故の7年後には、チェルノブイリ原発事故が発生しました。米ソという原子力大国が、相次いでシビアアクシデントを起こしてしまったわけです。ヨーロッパ諸国やアメリカでは、国際原子力機関（IAEA）を中心にしてシビアアクシデント対策が検討され、1990年代にはその対策がルール化されました。そして、そのルールに基づいた国際的な安全協定も結ばれるようになっていきました。

第3章　能登半島地震が実証した日本の原子力防災体制の問題点

　それでは、日本はどのような対応をしたでしょうか。
　日本では TMI 原発事故を契機にして原子力防災計画が検討され、1980年6月に原子力防災指針が策定されました。ところが実際の原発の安全審査では、「設計基準事故を超えるような事故は起きない。仮に重大事故や仮想事故を想定しても、原発敷地周辺住民が避難するような事故は起きない」とされていたので、国や電力会社は原子力防災計画を真剣に検討しませんでした。IAEA の国際安全諮問委員会は 1988 年 3 月、シビアアクシデントが起き得ることを前提にして原発の安全対策をとるよう勧告したのに、日本はこれも無視しました。
　こんな状況では、シビアアクシデントに対応した原子力防災計画が作られるはずがありませんし、防災訓練も実効性のあるものになるはずがありません。それを示す一例が、原子力防災訓練を行う際の「事故想定」です。

（3）炉心が損傷しても、注水できるようになれば事故はすぐに「収束」？

　以下にご紹介するのは、2010 年 3 月 17 日に行われた第 16 回石川県原子力防災訓練の事故想定です。2010 年 3 月ですから、福島第一原発事故が起こる 1 年前ということになります。

　　7 時 25 分　志賀原発 1 号機で原子炉圧力容器の圧力が上昇し、水位が
　　　　　　　低下したため、原子炉を手動停止した
　　8 時 55 分　全ての ECCS が使用できず、炉心冷却が不可能な状態になっ
　　　　　　　た
　　9 時 05 分　首相が「原子炉緊急事態」を宣言
　　9 時 20 分　原子炉の炉心が露出
　　10 時 45 分　排気筒モニターの指示値が上昇。放射性物質の放出開始
　　11 時 15 分　注水機能が復旧したので原子炉の水位が回復し、炉心冷却
　　　　　　　が可能になった
　　11 時 40 分　首相が「原子炉緊急事態解除」を宣言

原子炉が冷却不能になってから25分後に炉心が冷却水から露出し、その1時間25分後には炉心損傷に伴って放射性物質が環境に漏れ始めるという想定です。ところが注水機能が回復したら、とたんに事故は収束に向かい、回復から25分後には事故は収まってしまうというのです。福島第一原発事故の経過と対比すれば、「そんなに都合よくいくはずがない」とすぐに分かります。

　先にお話ししたように、原子炉での核反応が停止しても、燃料棒の中にある放射性物質が大量の崩壊熱を出し続けますから、冷却しなければ炉心は溶融してしまいます。炉心の燃料が露出して空焚き状態になると、ジルコニウム合金でできた被覆管(ひふく)（中性子をあまり吸収しないジルコニウムという金属の合金でできた、直径約1.2センチメートル(cm)、長さ約4.5メートル(m)の薄い管です。ここに核燃料ペレットが詰め込まれています）の温度が1秒あたり5〜10℃ずつ上昇し、約1200℃を超えるとジルコニウムが水と反応して水素ガスが発生します（ジルコニウム‐水反応）。これは発熱反応なので、反応が起こり始めると温度上昇はさらに速くなります。

　約1800℃で被覆管は溶融し、水素ガスは格納容器内に漏れ出していき、空気中の水素濃度が4％を超えるとちょっとした火花などで引火して水素爆発を起こします。こうした水素爆発が、福島第一原発事故でも起こりました。さらに、被覆管がジルコニウム‐水反応で脆(もろ)くなったところにECCSから水が注入されると、熱衝撃による破断が起こります。そうなると被覆管はバラバラになって、落ち葉が溝に詰まるように燃料棒の間に詰まってしまい、冷却できなくなってしまいます。[10,11]

　1979年に発生したTMI原発事故では、ECCSを運転員が手動停止したため、炉心が露出してしまいました。事故発生から約3時間半後にECCSを再起動して原子炉を水で満たしたものの、すでに炉心は重大な損傷を受けていて、その約45％（62トン（t））が溶融して20ｔは原子炉容器底部に落下したとされています。[9]

　2010年から31年も前に、このような事故の知見がありました。ですから、炉心が露出した状態で2時間も経過していたら、すでに重大な損傷を受けていると考えるのが当然です。そうなれば注水機能が復旧したとして

第3章　能登半島地震が実証した日本の原子力防災体制の問題点

も、ただちに事故が収束するはずがありません。あまりに現実離れした事故想定といわざるを得ないのですが、このような想定で訓練が漫然と続けられてきました。

そして 2011 年 3 月、福島第一原発事故が起こりました。

（4）福島第一原発事故で日本の原子力防災体制は崩壊

東北地方太平洋沖地震の激しい地震動を引き金にして、福島第一原発でシビアアクシデントが発生しました。東京電力（東電）は 3 月 11 日 15 時 42 分、原子力災害対策特別措置法（原災法）第 10 条に定める事態に陥ったと通報しました。その後、同 1 号機が全電源喪失によって冷却機能が失われたため、東電は 16 時 36 分に原災法第 15 条の原子力緊急事態に陥ったと判断し、同日 16 時 45 分にそのことを通報しました。東電の第 15 条通報に基づいて政府は同日 19 時 03 分、日本で初めてとなる原子力緊急事態宣言を発令しました。

同日 21 時 23 分には、福島第一原発 1 号機から半径 3 キロメートル（km）圏内の住民に避難指示が出されました。この指示は 12 日 5 時 44 分に 10km 圏内、同日 18 時 25 分には 20km 圏内へと拡大され、15 日 11 時 00 分には半径 20〜30km 圏の住民に屋内退避指示が出されました。

ちなみに原子力安全委員会は防災対策を行う範囲について、「EPZ（防災対策を重点的に充実すべき地域の範囲）の目安は、原子力施設において十分な安全対策がなされているにもかかわらず、あえて技術的に起こり得ないような事態まで仮定し、十分な余裕を持って原子力施設からの距離を定めたものである」として、原発の場合は「半径約 10km」を目安としていました。

ところが現実のシビアアクシデントの発生に伴って、EPZ を大きく超える 20km 圏内の住民に避難指示が出されたのでした。この瞬間、日本の原子力防災体制は崩壊したといえるでしょう。

第2節　福島第一原発事故後に日本の原子力防災体制はどう変わったか

（1）計画区域が「10km」から「30km」に拡大

　福島第一原発事故後、原子力防災対策を重点的に行う区域が拡大されました。事故前のEPZ（原発事故での目安は10km）は廃止されて、「予防的防護措置を準備する区域（PAZ）」と「緊急防護措置を準備する区域（UPZ）」が新たに設定されました。

　PAZは「原子力施設から概ね5km」で放射性物質の環境への放出前に直ちに避難する区域、UPZは「概ね30km」で避難、屋内退避、安定ヨウ素剤の予備服用等を準備する区域とされています。これは、IAEAの定めた安全文書の考え方（事前対策を講じておく区域、対策実施等の基準）が取り入れられたことに基づく変更だと説明されています[1][2]。

　図3-1は、福島第一原発事故の前後で日本の原子力防災体制がどのように変わったかを、簡略化して描いたものです。

　これらの区域を設定した目的は、PAZは「重篤な確定的影響のリスクの制限」、UPZは「確率的影響等の低減」とされています。ここに「確定的影響」と「確率的影響」という用語が出てきますので、ご説明しましょう。

　放射線で起こる障害は、放射線を浴びた量（被曝線量）によって違ってきます。一定量以上を浴びると障害が起こるものを確定的影響といい、たくさん浴びると障害が起こる確率が上がるものを確率的影響といいます。

　確定的影響はある線量以上になると現れ始め、それより線量が増えるしたがって症状は重くなっていきます。線量が低いところでは障害は現れず、しきい線量（被曝した人の1％に障害が現れる（99％に障害が現れない）線量を、しきい線量といいます）を超えると障害が出始めて、一定の線量以上では確実に障害が発生するようになります。しきい線量は被曝した組織によって異なり、もっとも低いしきい線量は精巣で一時的不妊が起こる150ミリシーベルト（mSv）です。したがってヒトは、150mSvより低い被曝線量では確定的影響は起こりません[3]。

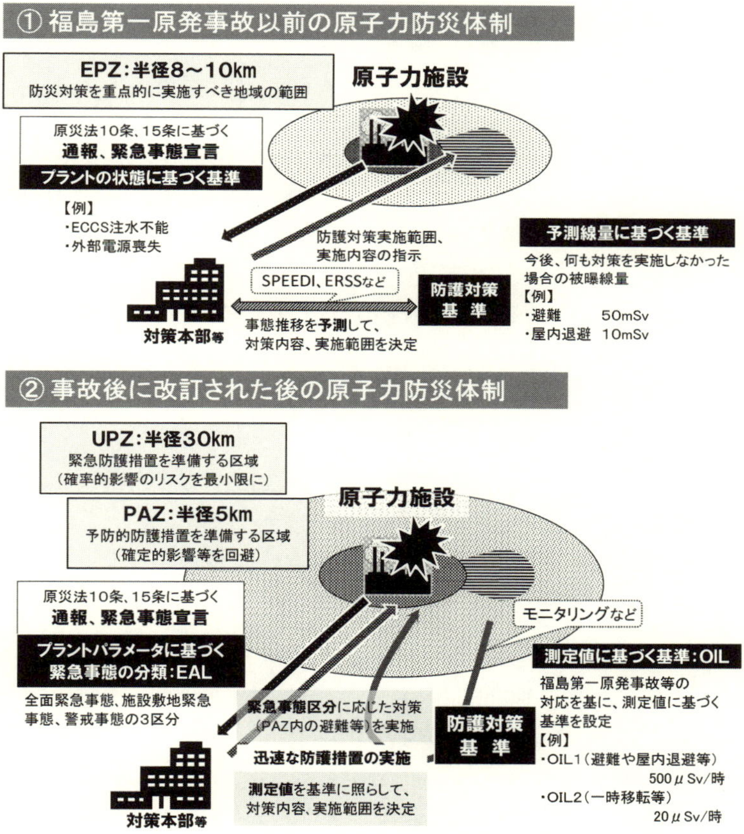

第3章　能登半島地震が実証した日本の原子力防災体制の問題点

① 福島第一原発事故以前の原子力防災体制

EPZ：半径8〜10km
防災対策を重点的に実施すべき地域の範囲

原子力施設

原災法10条、15条に基づく
通報、緊急事態宣言
プラントの状態に基づく基準
【例】
・ECCS注水不能
・外部電源喪失

防護対策実施範囲、実施内容の指示

SPEEDI、ERSSなど

事態推移を**予測**して、対策内容、実施範囲を決定

対策本部等

予測線量に基づく基準
今後、何も対策を実施しなかった場合の被曝線量
【例】
・避難　　　50mSv
・屋内退避　10mSv

防護対策基準

② 事故後に改訂された後の原子力防災体制

UPZ：半径30km
緊急防護措置を準備する区域
（確率的影響のリスクを最小限に）

PAZ：半径5km
予防的防護措置を準備する区域
（確定的影響等を回避）

原子力施設

原災法10条、15条に基づく
通報、緊急事態宣言
プラントパラメータに基づく
緊急事態の分類：EAL
全面緊急事態、施設敷地緊急事態、警戒事態の3区分

緊急事態区分に応じた対策
（PAZ内の避難等）を実施

迅速な防護措置の実施

測定値を基準に照らして、対策内容、実施範囲を決定

対策本部等

モニタリングなど

測定値に基づく基準：OIL
福島第一原発事故等の対応を基に、測定値に基づく基準を設定
【例】
・OIL1（避難や屋内退避等）
　　　　　　　500μSv/時
・OIL2（一時移転等）
　　　　　　　20μSv/時

防護対策基準

図3-1　福島第一原発事故の前後での原子力防災体制の変化
出典：日本原子力研究開発機構、我が国の新たな原子力災害対策の基本的な考え方について（2013）

　一方、放射線被曝による突然変異が原因となって起こる障害を、確率的影響といいます。突然変異を起こした細胞が増殖して起こるがんや遺伝的影響は、たとえ異常が1個の細胞だけで起こったとしても、放射線障害に至る可能性があります。ところが、たくさんの細胞に突然変異が起こって

も、障害が起こらない場合もあります。すなわち、障害がでるかでないかは確率的、つまり"運しだい"ということです。確率的影響は被曝線量が多くなると症状が重くなるのではなく、障害が発生する確率が高くなっていきます。[14,15,16]

こうしたことから、PAZ は 150mSv を超えて被曝することで起こる確定的影響を「制限」することを、UPZ は被曝線量が多くなると放射線障害が発生する確率が高くなる確率的影響を「低減」することを目的にして、それぞれ設定されたということができます。

PAZ と UPZ でどんな対策を行うかをまとめると、以下のようになります。[1,2]

① 「予防的防護措置を準備する区域（PAZ）」は原発から半径 5km。原発の状態によって防護措置を判断し、放射線物質の放出前または直後に避難等を行う
② 「緊急防護措置を準備する区域（UPZ）」は原発から半径 5 〜 30km。原発の状態で判断した後、放射性物質の放出後の測定値で対策を決める
③ 地上 1m の空間線量率が 500μSv／時を超えた場合は数時間以内に避難し、20μSv／時を超えた場合は 1 週間以内程度で一時移転する

表 3-1 は PAZ と UPZ のそれぞれで、避難・屋内退避などの指示とその時期を、事態の進展ごとにまとめたものです。[1]なお、この表に OIL（運用上の介入レベル）という用語が出てきますが、これは IAEA が定めた基準で、原発事故によって放射性物質が環境に放出された後、これによって防護措置を実施するか否かを判断します。[1,2]

（2）能登半島の避難道路の多くは脆弱

福島第一原発事故後に PAZ と UPZ が設けられたことに伴って、志賀原発から 30km 圏内に住む約 16 万 4000 人（石川県が約 15 万 2000 人、富山

第3章　能登半島地震が実証した日本の原子力防災体制の問題点

表3-1　原子力災害の進展と避難・屋内退避等の指示

事態の進展		PAZ（5km圏内）	UPZ（30km圏内）
発電所の状況	警戒事態 （大津波警報発表等）	要援護者の避難準備	
	施設敷地緊急事態 （原子炉冷却材の漏洩等）	要援護者の避難	
緊急時 モニタリングの 状況	全面緊急事態 （全炉心冷却機能喪失等）	住民の避難	避難準備及び屋内退避
	OIL2 （20μSv/時）		住民の避難（一時移転） （1週間程度以内に避難）
	OIL1 （500μSv/時）		住民の避難 （即時避難）

出典：石川県地域防災計画・原子力災害計画編（2015）

県が約1万2000人）と観光客などの人々は、原発事故時に市町単位で緊急避難することが原子力防災計画に書き込まれました。志賀原発以北に在住する約2万9000人は奥能登の3市町へ、原発以南の約12万3000人は加賀地方など4市町に、主に自動車で避難すると想定されています[1]。

志賀原発は能登半島で幅が最も狭い部分（東西で約12km）に立地していますから、原発以北の住民や観光客は原発の近くを通らなければ半島から脱出できません。したがって、シビアアクシデントが起こって大量の放射性物質が放出された場合、多くの人たちが奥能登など原発以北に閉じ込められることが危惧されます（図3-2）。

能登半島の道路は山地を通っているところが多くて道幅も狭いため、原発事故の際の避難道路の脆弱さは深刻です。図3-3は石川県原子力防災計画に記載されている避難道路を示したもので、筆者はそのすべてを車で走ってきました。

この図には、避難道路の交通容量も書き込んであります。交通容量は、計算上で自動車が円滑に流れることができる1時間あたりの通行可能台数の限度です。志賀原発30km圏内外の片側1車線の避難道路は、1時間にせいぜい700～900台程度の車が通行できるにすぎず、狭い道路はわずか200～300台程度です[17]。

筆者は、大地震と原発のシビアアクシデントが同時に起こったら一斉避難はきわめて困難であると、2024年の能登半島地震の以前から指摘していました[2,3]。例えば、2007年3月に起こった能登半島地震（M6.9）は大地

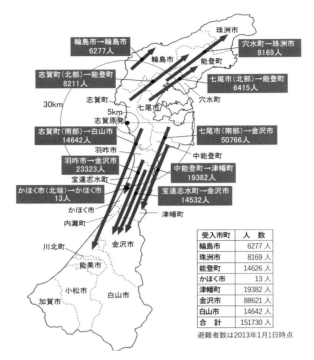

図3-2 志賀原発から30km圏内の石川県民の避難先
出典:石川県原子力防災計画から作成

震ではなかったのですが、能登半島の道路の多くが甚大な被害を受けました。[18]

　能登有料道路（当時。現在はのと里山海道）は発災直後、羽咋市内の柳田インターチェンジ（IC）以北が通行不能になり、全線復旧まで約1か月を要しました。能登有料道路の柳田IC〜穴水IC間（48.2km）と田鶴浜道路（4.8km）では、大規模な盛土崩壊11か所など53か所で道路被害が発生しました。石川県が管理する国道・県道では56路線・273か所で落石・崩土・路肩決壊が発生し、市・町道でも8市町の391か所で被害が発生しました。

第3章　能登半島地震が実証した日本の原子力防災体制の問題点

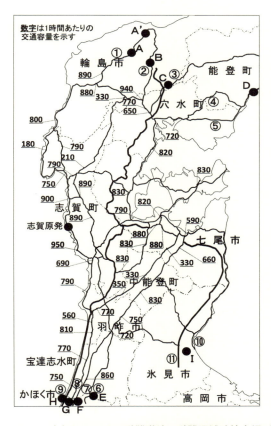

図3-3　志賀原発周辺の避難道路と避難退域時検査場所
注　：図中の①〜⑪、A〜Iは表3-2を参照
出典：石川県原子力防災計画、道路交通センサスから作成

（3）避難退域時検査場所がボトルネックになる

　志賀原発から30km圏内にいる住民・観光客などが圏外に避難する際、30km圏境界から避難所までの間に設置される「避難退域時検査場所」で住民と車両の汚染検査・簡易除染が行われると石川県原子力防災計画に書かれています（表3-2）。表3-2の①〜⑪・A〜Iは、図3-3の①〜⑪・A

表3-2 志賀原発周辺の避難退域時検査場所

路線名	車両検査場所	住民検査場所
①国道249号線	A 比丘尼丘ポケットパーク（輪島市縄又町）	A' 大屋小学校 体育館（輪島市伊勢町）
②主要地方道 七尾輪島線	B 三井地区運動公園（輪島市三井町長沢）	B 三井小学校 体育館（輪島市三井町興徳寺）
③一般県道 柏木穴水線（珠洲道路）	C のと里山空港 駐車場（輪島市三井町州衛）	C 輪島市空港 交流センター（輪島市三井町州衛）
④国道249号線 ⑤町道東部中央線	D 藤波運動公園 駐車場（能登町藤波）	D 藤波運動公園 屋内テニスコート（能登町藤波）
⑥国道471号線	E 旧押水放牧場（宝達志水町坪山）	
⑦主要地方道 高松津幡線	F 瑞穂大橋詰 駐車場（かほく市二ツ屋）	G 県立看護大学 体育館（かほく市学園台）
⑧国道159号線	G 県立看護大学 駐車場（かほく市学園台）	
⑨主要地方道 金沢田鶴浜線（のと里山海道）	H 高松サービスエリア（かほく市二ツ屋）	
⑩国道160号線 ⑪国道470号線（能越自動車道）	I 氷見運動公園 駐車場（富山県氷見市大浦新町）	I 氷見運動公園 B&G 海洋センター（富山県氷見市大浦新町）

出典：石川県原子力防災計画から作成

～Ⅰにそれぞれ対応します。

　志賀原発から北にいる人たちが避難する場合は、4か所（A・B・C・D）で車両検査、4か所（A'・B・C・D）で住民検査が行われます。南の場合は、石川県内への避難では4か所（E・F・G・H）で車両検査、1か所（G）で住民検査、富山県への避難では1か所（I）で車両検査、1か所（I）で住民検査が行われます。

　避難してきた多くの車両が、避難退域時検査場所に一挙に押し寄せてくると考えられるため、ここがボトルネック[19]になってしまうと推測されます。

　石川県では原子力防災訓練が毎年行われていて、筆者は30年にわたって視察してきました。その際に車両の汚染検査の様子を見ていると、ごく少ない台数でも車の列ができて検査を待つ状況になっていました。実際に原発で事故が起こったら何百台～何千台もの多くの自動車が一気に押し寄せるでしょうから、避難退域時検査場所を先頭にして深刻な渋滞が発生するのは必至です。

　さらに、能登半島の避難道路はほとんどが片側1車線ですから、もし渋滞の最中に燃料が枯渇して動けなくなる車が発生したりすると、その車から後に並んだ車も動けなくなってしまいます[20]（図3-4）。

第3章　能登半島地震が実証した日本の原子力防災体制の問題点

図3-4　避難退避時検査場所がボトルネックになってしまう
出典：児玉一八『原発で重大事故－その時どのように命を守るか？』（あけび書房、2023）

（4）町内・地区別の避難先にたどり着けるのか

　志賀原発で原子力災害が起こったら、30km圏内に住んでいる住民は圏外だったらどこへ避難してもいいのかというと、そうではなくて、石川県原子力防災計画に書かれた町会・集落ごとの避難先に行かなければなりません[21]（表3-3）。

表3-3　町会・集落単位の避難先

自治体	地区名	町会・集落名	避難先		住所
志賀町	上熊野	五里峠、大笹、牛ケ首、田原、米町、若葉台	白山市立北星中学校	白山市	平木町112-1
		松木、小室、直海別所、長田、直海中村、直海大釜、直海住宅、釈迦堂、直海高位	白山市立蕪城小学校		北安田町355
	堀松	志賀の郷、矢蔵谷	白山市郷公民館		田中町230
	志加浦	赤住、百浦、小浦、大津	石川県立松任高等学校		馬場1-100
		赤住（電力住宅、はまなす園）、ロイヤルシティ、志賀の郷住宅	白山市松任文化会館		古城町2
		安部屋営団、町、安部屋	白山市立松任中学校		末広2丁目1
	福浦	福浦港	旧三波小学校	能登町	波並21字2-1
	富来	富来牛下	能登町立能都中学校		藤波14字35
	熊野	中山、三明、中畠、豊後名、六実、荒屋、谷神	能登町立鵜川中学校		鵜川25字28

出典：石川県、原子力防災のしおり（2014）を一部改変

　例えば、PAZ（原発から5km圏内）に含まれる志賀町の6地区のうち、上熊野・堀松・志加浦の町会・集落は白山市内の小中高・公民館・文化会館へ、福浦・富来・熊野は能登町の小中学校に避難することになっていま

す。住んでいるところから遠く離れているため、避難先がどこにあるかは一度でも行ってみないとなかなか分かりませんし、事故時に自動車やバスなどがいっせいに避難先に向かったら、たどりつけるかどうかも分かりません。さらに、これら避難先のほとんどは人が居住することを目的に建てられていませんから、避難すること自体によって大きなリスクを被ってしまうことが危惧されます。

第2節で述べたさまざまな問題は、能登半島地震が起こる以前から筆者が指摘してきたことです。こうしたことを指摘できたのは筆者に何か特別な「予知能力」のようなものがあったからではなく、能登半島の地理的状況などをつぶさに調べて、大地震と原発災害が同時に起こった場合の人々の行動を推測すれば、誰にでも分かることだと思います。

そして能登半島地震では、こうした危惧が現実のものとなってしまいました。地震が起こった2024年1月1日に志賀原発は1・2号機とも運転していませんでしたが、もし運転していて地震を引き金にシビアアクシデントが発生していたらどうなったか、多くの住民が危惧する事態が広範な地域で発生しました。

第3節 「放射線被曝による被害」と「放射線被曝を避けることによる被害」

原子力防災対策について考えるためには、福島第一原発事故後にどんな被害が発生したのかを知り、そこから教訓を引き出すことが不可欠です。この事故に伴う被曝量は、幸いにも健康被害が発生するレベルではありませんでした。ところが、事故によって深刻な健康被害が発生してしまったのです。

第3節では、この健康被害をふまえて、原発事故時にどんな行動をとれば命を守ることができる可能性が高くなるかを検討し、そういった行動が大地震の際にどのくらい可能なのかについても考えてみます。

第 3 章　能登半島地震が実証した日本の原子力防災体制の問題点

（１）福島県でなぜ、災害関連死がとても多かったのか

　福島第一原発事故で環境に放出された放射性物質による被曝には、体の外にある放射性物質から出る放射線を浴びる外部被曝と、体の中に取り込んだ放射性物質による内部被曝があります。
　外部被曝については、①空間線量率（空間を飛んでいる放射線の 1 時間あたりの量）が最も高かった事故直後の 4 か月に、福島県の約 46 万人の方々が外部被曝した線量の分布、[22,23]②福島第一原発に近い 12 市町村から避難した人の避難前と避難中、1 年の残りの期間中に避難先で被曝量を推計した結果、[25]③ 200 万人の福島県民の事故直後 1 年間の実効線量推定値の分布[25]などの多くの知見が得られています。これらから、外部被曝線量は確定的影響が起こるもっとも低いしきい線量より低く、大多数の福島県民ははるかに低い線量であったことが分かっています。
　次に内部被曝についてですが、福島第一原発事故後の福島県民の内部被曝線量は、外部被曝線量の 0.1 〜 1％のレベルにあったと事故当初から一貫して評価されてきました。また、陰膳法やヒューマンカウンターによる推定値もこの評価と一致しており、[26]内部被曝線量は幸いにもとても低いレベルに抑えることができていたと評価できます。[27]
　確率的影響である発がんについても、福島第一原発に近い市町村から避難した人々の外部被曝推計線量や、それよりはるかに低い内部被曝推計線量から判断して、がんの発生率が上昇するとは考えられません。
　ところが、事故によって深刻な被害が発生してしまいました。それを端的に示すのが、福島県の震災関連死の多さです[28]（図 3-5）。
　東北 3 県の震災関連死者数の推移を比較すると、宮城県と岩手県は事故後 1 〜 3 か月後がピークでその後は減少しているのに、福島県は 6 か月後から 2 年後まで高いままで横ばいになっています。これは原発事故による汚染で避難が長引いたことが原因で、そのために福島県では 2000 人以上の方々が亡くなっています。避難した住民の中で、ほんの数日間だと思って「着の身着のまま」で避難した人が少なくありません。それがそのまま、

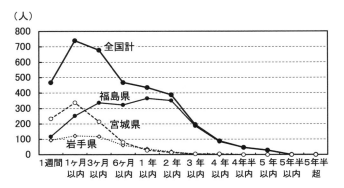

図3-5　東日本大震災・福島第一原発事故の関連死者数
出典：清水修二ら、しあわせになるための「福島差別」論、かもがわ出版（2018）

　長期の避難生活を送ることになってしまったわけです。避難先では、居住地が変わっただけにとどまらず、生活環境も大きく変わってしまいました。そのため精神的にも肉体的にも、さまざまな影響が避難した人々に現れました。
　福島第一原発事故に伴う甚大な被害の象徴ともいえるのが、避難によって50人もの方々が亡くなった「双葉病院の悲劇」です。
　双葉病院（福島県大熊町）の重篤患者34人と介護施設利用者98人は3月14日午前に避難を開始し、夜にいわき市内の高校に到着するまでに約14時間、230kmの移動を強いられた結果、バスの中で3人、搬送先の病院で24人の方々が亡くなりました。病院に残っていた95人の患者は3月15日に自衛隊によって避難したのですが、その途上で7人が亡くなり、最終的には14日と15日の避難にともなって50人が亡くなってしまいました。「放射線被曝による被害」を避けようとした結果、「放射線被曝を避けることによる被害」が起こってしまったのです[29]。
　双葉病院の悲劇は、自立歩行が困難で健康状態もよくない高齢者を、こともあろうに観光バスに無理やり乗せて、長時間の移動を強いたために起こりました。こんなことをすれば、死者が出てしまうのは避けられないでしょう。「放射性物質はほんの少しでも危ない」、「危ないと思ったことは

第3章　能登半島地震が実証した日本の原子力防災体制の問題点

避けなければならない」という予防原則の考え方が、結果としてこの悲劇を引き起こしてしまいました。身のまわりにあるリスクを冷静に把握し、それぞれを比較考量してどう行動するのが最良の選択であるかを判断せずに、「ともかく避難」となってしまったために、失わずにすんだはずの命が失われてしまったのです[30]。

（2）命を守るためには、リスクに関する合理的な判断が欠かせない

　原発事故が起こったら、状況にかかわらずただちに避難するというのは、合理的な判断ではありません。なぜなら、避難することにもリスクがあるからです。命を守るために最も合理的と考えられる行動を選択するためには、自分が居住・滞在している場所で放射線量（空間線量率）が現在どれくらいで、今後はどうなっていくと推定されるのか、に関する信頼できる情報を得る必要があります。その上で、推定される放射線被曝の被害のリスクが放射線を避けることによる被害のリスク（＝避難のリスク）を明らかに上回ると判断された場合に、避難するという行動が合理性を持つようになります。

　すなわち、命を守ることができる可能性をできうる限り高めるには、リスクに関する合理的な判断を行う必要があります。筆者はそのために、以下のような提案を行ってきました[3]。

① 事故初期は貴ガスからの放射線を建物の中でやり過ごす

　原発でシビアアクシデントが起こった直後は、事故の状況や放出された放射性物質の量などに関する情報は分からないのが自然でしょうから、最初に行うべきことは、まっさきにやってくる放射性貴ガス（特にキセノン133）が放出するガンマ線への対策です。貴ガスはまわりの物質と反応しないので、キセノン133を含む放射能雲（プリューム）が通過する際に飛んでくるガンマ線を被曝しないようにして、通り過ぎていくまでやり過ごすのです。

　コンクリートや水などは、キセノン133の出すガンマ線を遮蔽（放射線

をさえぎること）します。例えば、厚さ5cmのコンクリートは、それがない場合の約4分の1に減らします。コンクリートの厚さが15cmになると、約100分の1になります。このようにコンクリート製の建物は遮蔽効果が高いのですが、木造家屋でも屋内に入れば被曝量を大幅に減らすことができます。

② 現在の空間線量率と、今後の放射性物質の拡散予想を知る

　事故初期には貴ガスからのガンマ線に注意が必要ですが、キセノン133の半減期は5.2475日なので比較的早くなくなっていきます。クリプトン85（半減期10.739年）も放出されますが、四方八方に拡散して薄められていくので、そのガンマ線もだんだん減っていきます。

　原発事故が起こってから時間がたってくると、放射性セシウムや放射性ヨウ素などの揮発性元素も環境に漏れ出してきます。これらが付着したチリやホコリが風に乗って運ばれてきて、そこに雨や雪が降ると地面に降り注いで沈着し、空間線量率がなかなか下がらなくなります。そのため、自分がいるところの現在の空間線量率と、今後の気象条件によって放射性物質がどのように拡散すると予想されるのかを知ることが重要となります。

③「周辺の放射線リスクは、避難するリスクより大きいのか否か」を判断する

　自分のいるところの現在の空間線量率と、今後の放射性物質の拡散予測が分かったら、「放射線被曝の被害を防ぐことを優先して、ただちに避難する」のか、それとも「放射線被曝を避けることによる被害を防ぐことを優先して、避難しないで建物にこもる」のかを判断します。

　その判断をするには、自分がいるところの空間線量率がどのくらいまでだったら、「放射線被曝を避けることによる被害を防ぐことを優先して、避難しないで建物にこもる」という目安が必要です。

　筆者は、いろいろな国の自然放射線量の変動の範囲や、大地放射線量の高い地域の一つであるインド・ケララ州（年平均値は3.8mSv/年、最高値は35mSv/年）でがん発生への影響が認められないことなどから、年間追加

第3章　能登半島地震が実証した日本の原子力防災体制の問題点

被曝線量が10mSvくらい（サーベイメータの実測値では3〜11μSv/時くらい、モニタリングポストの測定値では3〜9μGy/時くらい）、あるいはそれ以下だったら避難しないで被曝対策を徹底するのが合理的だと提案しました。これは、子どもがいっしょにいる場合も同様です。

④ さまざまな対策で放射線量を下げることができる

　自分のいる場所の年間追加被曝線量が10mSvくらいか、それより低いと推測して、避難しないで建物にこもると判断した場合でも、さまざまな対策を行うことによって被曝線量は確実に減らすことができます。

　その一つが除染です。除染は、放射性物質が付着した土を削り取ったり、木の葉や落ち葉を取り除いたりして遠くに持って行ったり、建物の表面を洗浄したりすることです。除染で放射性物質がなくなるわけではありませんが、生活空間から遠ざけることで、空間線量率を下げることができます。部屋のゴミを掃除機で吸っても、ゴミはなくなるわけではありませんから、除染も同じといえるでしょう。放射性物質が付着した土を削って、穴を掘って深く埋めることも除染になります。放射性物質を土やコンクリートで埋めてしまえば、飛んでくる放射線をさえぎることができるからです。

　周辺の放射線リスクが避難によるリスクより大きいと判断し、避難することを選択した場合も、天気や風向などに注意する必要があります。原発から放射性物質が環境に放出されて、チリやホコリに付着して風に乗って運ばれている際に雨や雪が降ると、地上に降り注いできます。その時に雨や雪が付着すると、皮膚や頭髪、衣服や靴などが放射性物質で汚染します。

　したがって避難に際しても、天気や風向・風速の現況と予報を十分に知った上で、放射線被曝や放射性物質による汚染を防ぎながら行動する必要があります。空間線量率が高かったり、雨や雪が予想されたりする場合は、建物の中にいてやり過ごすといった判断も求められます。

　①〜④については、拙著『原発で重大事故－その時、どのように命を守るか？』、あけび書房（2023）に詳しく書きました。関心のある方は、ぜひお読みください。

（3）放射線防護対策を施した屋内退避施設

高齢者や障害者など避難することに困難を抱えた方々（要配慮者）は、避難行動そのものが生命の危険をもたらす場合があります。そのため5km圏内の住民でも、遮蔽効果や気密性が高いコンクリートの建物内に屋内退避することが有効とされています。また5～30km圏の住民は、吸入による内部被曝のリスクをできる限り低くおさえ、避難行動による危険を避けるために、まずは屋内退避することが基本になっています。[33,34]

図3-6　屋内退避施設の概念図

屋内退避施設は、既存・新設のコンクリートの建物に、次のような放射線防護対策を施しています（図3-6）。

・放射性物質除去フィルターを備えた給気装置で防護エリア内を陽圧にし、外部からの放射性物質の侵入を抑える
・防護エリア内の陽圧を維持するため、窓とドアを高気密性にし、防護エリア出入り口に前室を設置する
・防護エリア内部と外部の放射線量を測定するため、モニタリングポストを設置する
・建物の外と放射性物質捕集後のフィルターからの放射線を遮蔽するため、鉛入りカーテンと鉛入りボードを設置する

志賀原発周辺の7市町には2024年現在、20の屋内退避施設が整備されています（図3-7、図3-8）。筆者は2016年5月から19施設（ラピア鹿島を除く）の見学と、各市町の原子力防災担当部局へのアンケート調査と対面での聞

第3章　能登半島地震が実証した日本の原子力防災体制の問題点

き取りを行いました。

既存のコンクリート製の建物に放射線防護対策を行って屋内退避施設とする場合、改修費用は1施設あたり約2億円です。20施設のうち、富来防災センター・稗造防災センター・西浦防災センターが新築で、それ以外の17施設は既存の建物を改修しています。

屋内退避施設には、要配慮者と介助者などが3～7日程度滞在するために、長期保存食・水・寝袋・エアマット、衛生品（ウェットタオル、使い捨てのシーツやゴム手袋、紙オムツなど）が備蓄されています。電源は非常用ディーゼル発電機

図3-7　志賀原発周辺の屋内退避施設

が設置されていて、その燃料も概ね3～7日分が備蓄されています。

第2節と第3節でお話ししたことをふまえて、能登半島地震後の被害状況はどうだったか、そのような状況のもとで志賀原発でシビアアクシデントが発生していたら、原子力防災対策は有効に行われたかどうかについて、第4節以降で検討します。

図3-8 屋内退避施設の一例(写真は筆者撮影)

第3章　能登半島地震が実証した日本の原子力防災体制の問題点

第4節　多くの人々がいっせいに避難するのは不可能だった

　石川県原子力防災計画には、「避難にあたっては、災害の状況に応じ、自家用車をはじめ、自衛隊車両や国、県、関係市町の保有する車両、民間車両、海上交通手段などあらゆる手段を活用する」と書かれています[1]。ところが能登半島地震では、発災直後にのと里山海道の上下全線や能越自動車道（穴水IC～のと三井IC、高岡IC～七尾IC）、国道249号線や同415号線をはじめ多くの道路が通行止めとなりました。

（1）通行止めの全容を石川県が把握するまで、発災から3日かかった

　国道249号線は七尾市を起点に、穴水町・能登町・珠洲市・輪島市・志賀町・羽咋市・宝達志水町・かほく市・津幡町と能登半島を一周して金沢市に至る、総延長253.8kmの道路です。能登半島地震によって穴水町から珠洲市、輪島市をへて羽咋市に至る区間の多くが、道路に亀裂や段差が生じたり山体崩落で埋まったりするなどして通行不能になりました[35]（図3-9）。1月1日22時30分時点では石川県管理道路の通行止めは15

図3-9　能登半島の主な幹線道路の状況と孤立集落（2024年1月5日午後4時現在）

出典：朝日新聞、2024年1月6日の図を一部改変

115

路線 17 か所でしたが、被災地の状況が分かるにしたがって 1 月 2 日 15 時 30 分時点で 24 路線 54 か所、1 月 3 日 15 時現在で 28 路線 65 か所と増えていき、1 月 4 日 15 時現在で 41 路線 93 か所に達しました[36]。石川県原子力防災計画には「関係市町は、避難等を実施する段階で、避難先や道路の状況など避難に関連する情報について住民広報を行う」とも書かれていますが[1]、能登半島地震では通行止めの全容を石川県が把握するまで、発災から 3 日もかかったわけです。

（2）原発事故時の避難道路の多くが通行止めに

　石川県原子力防災計画には原発事故時の避難道路について、「地震等による道路の被災も考慮し、市町ごとに複数のルートを示した」と書かれています[37]。ところが能登半島地震では、志賀原発から 30km 圏内の 4 か所で迂回路（通行止めを避けて、避難先に向かう上で、普通自動車での通行を前提に、代替経路となり得る最短経路）もない状況に陥りました。このことについて、内閣府の文書には以下のように書かれています[38]（図 3-10）。

能登島（図 3-10 22 番および 25 番）
　　能登島と能登半島本土とは、能登島大橋とツインブリッジのとの 2 本の橋梁での往来を余儀なくされる地理的環境にあるが、地震発災後から 1 月 2 日午前 10 時までの間は両方の橋梁が通行止めであった

穴水町中居（図 3-10 19 番）
　　国道 249 号は、穴水町中心部から半島東側へ続いているが、穴水町中居においては、道路側面の崩土により道路が塞がれ、1 月 5 日午前 9 時までの間、通行止めであった。この通行止め地点を迂回する道路については確認できなかった

国道 249 号（輪島市門前町浦上）（図 3-10 31 番）
　　門前町と輪島市中心部を接続する国道である。山間部の同国道沿いの浦上地区（知気女集落）には家屋が点々と存在するものの、崩土等により通行止め規制区間が発生しており、迂回路も存在していなかっ

第3章　能登半島地震が実証した日本の原子力防災体制の問題点

た

輪島富来線（図3-10 8〜11番）

　県道輪島富来線は、輪島市と志賀町富来地区を接続する主要地方道である。通行止め規制区間に家屋が点在しており、かつ山間部のため迂回路は存在していなかった

　図3-10は志賀原発から30km圏内で、橋梁前後の段差発生・路肩欠損・土砂崩落などによって通行止めとなった場所を示します。なお、30番の区域（広域農道）は冬季閉鎖区間において通行止めを実施していました[38]。この図から、能登半島地震と志賀原発でのシビアアクシデントが同時に発生していたら、30km圏内の多くの地域は避難が困難であり、特に原発以北に居住する人々はほぼ不可能であっただろうと推測されます。

　志賀原発から30km圏では、福浦港（志賀町）や滝港（羽咋市）などの港湾でも被害が発生しました[36]。石川県原子力

図3-10　UPZ内の道路通行止め箇所（石川県）

出典：内閣府（原子力防災担当）、令和6年能登半島地震に係る志賀地域における被災状況調査（令和6年4月版）の図を一部改変

117

防災計画には船舶での避難も書かれていますが[1]、被災した港湾からの避難は不可能だったと考えられます。

図3-11は避難道路の道路通行止め箇所の写真です。能登半島地震では多くのところで橋梁の端で段差が発生し、自動車が通行不能になりました

図3-11　UPZ内の道路通行止め箇所（石川県）の状況

出典：内閣府（原子力防災担当）、令和6年能登半島地震に係る志賀地域における被災状況調査（令和6年4月版）の図を一部改変

第3章　能登半島地震が実証した日本の原子力防災体制の問題点

（図3-11 ②⑫⑬⑰㉙㉜）。橋梁以外でも、道路に段差が発生したり（同④⑦⑮㉗㉘）、一部が崩落したり（同⑮⑳）、道路わきの斜面が崩落する（同③⑤⑥）などして、通行不能になっています。筆者はこれらの道路の一部を4月と6月に視察しましたが、道路わきの斜面の崩落で片側交互通行になっているところが6月にも残っていたり、橋梁の端の段差を応急復旧したりしたものの、徐行しないと通過できないところなどが少なくありませんでした。

　表3-4は通行止め箇所の一覧表で、数字の場所は図3-10と同じです。

　①～⑦は能登半島地震で震度6強だったと推定される地域にあり、中でも④は震度7を記録した志賀町香能（かのう）に近接しています（図1-1）。①②④⑦は志賀町富来地区から北に向かう国道249号線で、法面（のりめん）崩壊・土砂崩壊・橋梁段差によって発災当日に通行止めとなり、解除は②が1月2日、④は1月6日、①は1月12日で、⑦は2月10日まで約40日を要しました。

　③⑥は県道富来中島線で、志賀町富来地区と七尾市中島地区を結んでいます。志賀町富来地区の中心部を西に向かい、しばらくすると山間部に入って、峠を越えて七尾市中島地区に至ります。富来地区の領家～地頭（じとう）（③）で土砂崩壊、同じく広地（⑥）で倒木のため通行止めになりました。

　⑤は県道深谷中浜線で、志賀町富来地区から輪島市門前町との境界までの海岸線を通っていて、交通容量が約200台の狭い道です。富来地区の西海風戸（かいふと）で土砂崩壊のため通行止めとなりました。（さい）

　⑧～⑪は県道輪島富来線で、富来地区の東小室から穴水町を経由して、能登半島中央部の山地を北上して輪島市に至ります。⑧～⑪も交通容量が約200台の狭い道で、迂回路はありません。富来地区の楚和（そわ）（⑧）は落石、切留（きりどめ）（⑨）は法面崩壊、鵜野屋（うのや）（⑩）と穴水町越渡（こえと）（⑪）は土砂崩壊のため通行止めになりました。⑧は1月6日に解除されましたが、⑪は1月31日、⑨と⑩は2月22日の解除となりました。

　⑫⑬⑯は志賀町志賀地区～羽咋市を通る国道249号線で、志賀町の末吉（⑫）と清水今江（⑬）で橋梁段差、羽咋市柴垣町（⑯）で路肩欠損のため通行止めになりました。

　⑭⑮は県道田鶴浜堀松線で、志賀町志賀地区と七尾市田鶴浜地区を結んでいます。志賀町の火打谷～北吉田（⑭）で道路陥没、徳田（⑮）で路面（ひうちだに）

119

表3-4 UPZ内の道路通行止め箇所（石川県）

番号	市町村	路線種別	路線名	区間・箇所	被災状況	規制開始	規制解除		迂回路
1	志賀町	一般国道	249号	志賀町富来七海	法面崩壊橋梁段差	1月1日	1月12日	17:00	○
2	志賀町	一般国道	249号	志賀町富来領家町	橋梁段差	1月1日	1月12日	17:30	○
3	志賀町	主要地方道	富来中島線	志賀町領家町～地頭	土砂崩壊	1月1日	1月12日	17:00	○
4	志賀町	一般国道	249号	志賀町相神	橋梁段差	1月2日	1月6日	18:00	○
5	志賀町	一般国道	249号	深谷中浜ས	志賀町西海風戸	土砂崩壊	1月7日	1月10日	16:30	○
6	志賀町	主要地方道	富来中島線	志賀町広地	倒木	1月9日	1月10日	16:30	○
7	志賀町	一般国道	249号	志賀町給分～深谷	土砂崩壊	1月1日	2月10日	15:00	○
8	志賀町	主要地方道	輪島富来線	志賀町楚和	落石	1月1日	1月6日※1	18:00	×
9	志賀町	主要地方道	輪島富来線	志賀町切留	法面崩壊	1月2日	2月22日※1	13:00	×
10	志賀町	主要地方道	輪島富来線	志賀町鵜野屋	土砂崩壊	1月10日	2月22日※1	13:00	×
11	穴水町	主要地方道	輪島富来線	穴水町越渡	土砂崩壊	1月12日	1月31日※1	17:00	×
12	志賀町	一般国道	249号	志賀町末吉	橋梁段差	1月1日	1月2日	17:00	○
13	志賀町	一般国道	249号	志賀町清水今江	橋梁段差	1月1日	1月3日	15:30	○
14	志賀町	主要地方道	田鶴浜堀松線	志賀町火打る～北吉田	道路陥没	1月1日	1月5日	18:00	○
15	志賀町	主要地方道	田鶴浜堀松線	志賀町徳田	路面段差	1月1日	1月5日	16:30	○
16	羽咋市	一般国道	249号	羽咋市柴垣町	路肩欠壊	1月1日	1月2日	15:00	○
17	七尾市	一般国道	249号	七尾市中島町小牧	路面亀裂橋梁段差	1月2日	1月21日	5:50	○
18	七尾市	一般国道	249号	七尾市中島町外	路面亀裂	1月2日	1月2日	9:00	○
19	穴水町	一般国道	249号	穴水町中居町	斜面崩壊	1月2日	1月5日	9:00	×
20	七尾市	一般国道	249号	七尾市中島町中島	路面陥没	1月2日	1月2日	21:00	○
21	七尾市	一般国道	249号	七尾市中島町笠師～塩津	斜面崩壊	1月2日／1月4日	1月2日／1月11日	9:00／6:00	○
22	七尾市	広域農道	中能登農道線	七尾市能登島通町	支障損傷等	1月1日	未解除※2	－	×
23	七尾市	市道	市道長崎150号	七尾市能登半浦町	道路崩落	1月1日	未解除※2	－	○
24	七尾市	広域農道	農道長崎17号,18号	七尾市能登島崎町	道路崩壊	1月1日	未解除※2	－	○
25	七尾市	主要地方道	七尾能登島公園線	七尾市石崎町(能登島大橋)	段差発生	1月1日	1月2日	10:00	×
26	七尾市	主要地方道	和倉和倉停車場線	七尾市石崎町	路面亀裂	1月2日	1月3日	7:30	○
27	七尾市	一般国道	249号	七尾市直津町～高田町	路面段差等	1月1日	1月21日	9:00	○
28	七尾市	主要地方道	七尾羽咋線	七尾市小丸山市	橋梁段差	1月1日	1月5日	15:30	○
28	七尾市	主要地方道	七尾羽咋線	七尾市小島町	電柱倒壊の恐れ	1月6日	1月7日	11:30	○
29	羽咋市	一般国道	415号	羽咋市宇土野町	橋梁段差	1月1日	1月2日	15:00	○
30	羽咋市	広域農道	広域農道 羽咋地区	羽咋市・宝達志水町・かほく市	冬季閉鎖	－	－	－	○
31	輪島市	一般国道	249号	輪島市門前町浦上	崩土	1月1日	1月15日	17:00	○
32	七尾市	一般国道	160号	七尾市東浜	段差発生	1月1日	1月2日	13:00	○
自動車専用道	一般国道	能越自動車道	のと三井IC～のと里山空港IC		1月1日	(上)1月18日⇒(下)2月2日⇒(上下)2月27日	7:00／13:00／13:00		
			のと里山空港IC～穴水IC		1月1日	(上)2月2日	13:00		
			七尾IC～七尾城山IC		1月1日	(上下)1月10日	10:00		
			七尾城山IC～高岡IC		1月1日	(上)1月3日(緊)⇒(上下)1月5日	13:00／11:00		
	一般県道	のと里山海道	越の原IC～穴水IC		1月1日	(上)3月15日	13:00		
			横田IC～越の原IC		1月1日	(上)2月5日	7:00		
			徳田大津IC～横田IC		1月1日	(上)1月18日(緊)	7:00		
			上棚矢駄IC～徳田大津IC		1月1日	1月5日 (上は緊のみ)	14:00		
			柳田IC～上棚矢駄IC		1月1日	(上下)1月4日 (上は緊のみ)	6:00		
			千鳥台～柳田IC		1月1日	1月2日	11:00		

上：北向き、下：南向き、緊：緊急車両等　※1　1月2日に緊急車両と地区内住民は通行可
※2　未解除箇所：3月1日時点

出典　：内閣府（原子力防災担当）、令和6年能登半島地震に係る志賀地域における被災状況調査
　　　　（令和6年4月版）

第3章　能登半島地震が実証した日本の原子力防災体制の問題点

段差のため通行止めになりました。

⑰〜㉑は国道 249 号線のうち、七尾市中島地区から北上して穴水町に至る部分です。七尾市中島町の小牧（⑰）では路面亀裂と橋梁段差、外（⑱）は路面亀裂、中島（⑳）は路面陥没、笠師〜塩津（㉑）では斜面崩壊、穴水町中居（⑲）でも斜面崩壊のため通行止めになりました。能登半島を北上して奥能登に至る道路は、1月1日の発災直後にのと里山海道が全線通行止めになったため、七尾湾沿いの国道 249 号線だけになりました。ところが、⑰⑱⑳で通行止めとなったため、この区間の迂回路となった山側の道は大渋滞となりました。

㉒は能登半島と能登島を結ぶ中能登農道橋（ツインブリッジのと）、㉕は同じく能登島大橋です。㉒は支承（橋の上部構造と下部構造の間に設置する部材）の損傷など、㉕は段差発生で通行止めとなり、能登島は能登半島との連絡を絶たれてしまいました。能登島大橋は1月2日に通行止めが解除されましたが、中能登農道橋は暫定使用できるまで1年以上、本格復旧には3年程度かかる見込みとされています。

㉒㉓は能登島の島内の道で、半浦（㉒）と長崎（㉓）でいずれも道路崩壊で通行止めになりました。3月1日時点では通行止めが未解除と書かれています。

㉖㉘は七尾市内を通る県道、㉗㉜は国道です。石崎町（㉖）では路面亀裂、直津町〜高田町（㉗）は路面段差など、小丸山市（㉘）は橋梁段差、小島町（㉘）は電柱倒壊の恐れ、東浜（㉜）は段差発生によって、それぞれ通行止めになっています。

㉙は羽咋市宇土野町の国道 415 号線で、橋梁段差のため通行止めになりました。㉛は輪島市門前町浦上の国道 249 号線で、崩土のため通行止めになりました。

能越自動車道（国道）ではのと三井 IC 〜穴水 IC、七尾 IC 〜高岡 IC の区間が、のと里山海道（県道）も千鳥台〜穴水 IC の全線で、いずれも発災直後に通行止めになりました。能越自動車道ののと三井 IC 〜穴水 IC と、のと里山海道の穴水 IC 〜徳田大津 IC の区間は北向きのみの一方通行が続いていましたが、2024 年 7 月 17 日に対面通行が可能になりました。同

年9月10日には、のと里山海道と能越自動車道の全線で対面通行が可能となりました。

（3）孤立集落も数多く発生

　能登半島地震では輪島市・穴水町・七尾市で、道路交通または海上交通によるアクセスの途絶によって集落の孤立が発生しています（図3-12）。[40]

　道路交通では法面崩落による道路への土砂堆積・落石・倒木・道路損壊・橋梁部の段差が、海上交通では海岸部の隆起が、それぞれ孤立の原因となりました。孤立した集落は山間部がほとんどで（全14地区のうち11地区）、こうした集落は主に法面崩落による土砂堆積で道路が寸断されて孤立に至っています。

　孤立解消方法については、道路啓開によって孤立が解消した地区がほとんどでしたが、一部でヘリコプターによる避難で孤立が解消した地区（輪島市諸岡地区、③）もありました。ヘリコプターによる避難にあたっては、吊り上げ救助のほか、調査・整地した適地への着陸も行われていました。門前町諸岡地区では、海岸部の隆起箇所を歩いて避難した住民もいました。

　孤立集落の住民の方々は、倒壊などによって自宅に退避できなかった場合、集会所・寺院・ビニールハウス・個人宅に孤立が解消するまで退避していたことが、住民や地元自治体への聞き取りで確認されています。[38]

　孤立した集落が多かったことも、大地震と原発のシビアアクシデントの複合災害にいっせい避難するのが非現実的であることを示しています。

第5節　屋内退避施設も機能を失った

　本章第3節（3）に書いたように、屋内退避施設は①放射性物質除去フィルターを備えた給気装置で防護エリア内を陽圧にし、外部からの放射性物質の侵入を抑える、②防護エリア内の陽圧を維持するため、窓とドアを高気密性に設置する、という機能を持っています。ところが地震によって①

第3章 能登半島地震が実証した日本の原子力防災体制の問題点

番号	地 区	孤立人数(最大)	孤立解消日	解消方法
①	輪島市浦上	1人	1月16日	自力で避難
②	輪島市本郷	3人	1月12日	自力で避難
③	輪島市諸岡	61人	1月13日	ヘリ避難（吊り上げ又は整地後の適地に着陸して救助）。一部の人は海岸隆起箇所を徒歩移動
④	輪島市小石	8人	1月12日	道路啓開
⑤	輪島市上河内	7人	1月12日	道路啓開
⑥	輪島市山是清	26人	1月12日	道路啓開
⑦	輪島市仁岸	7人	1月13日	道路啓開
⑧	穴水町麦ケ浦	20人	1月 9日	道路啓開
⑨	穴水町北七海	1人	1月 5日	道路啓開
⑩	穴水町中居	不明	1月 5日	道路啓開
⑪	穴水町丸山	10人	1月 3日	道路啓開
⑫	穴水町上唐川	不明	1月 5日	道路啓開
⑬	穴水町鹿波	不明	1月 5日	道路啓開
⑭	七尾市中島町河内	10人	1月 5日	国土交通省協力により、寸断箇所を徒歩通行可能な幅まで啓開後、徒歩移動。寸断箇所の先からは車両避難

※1 孤立の原因は、土砂崩れによる道路への土砂堆積、落石、倒木、道路損壊、橋梁部の段差等による道路寸断、沿岸部隆起による港への海路寸断である
※2 本調査では、石川県災害対策本部資料に掲載されていた地区（比較的短期間で孤立が解消した地区を含む）を対象とした
　　 また、孤立人数は地元自治体の聞き取りにより重点地域内の人数を計上した

図3-12　重点地区内の孤立地区一覧

出典：内閣府（原子力防災担当）、令和6年能登半島地震に係る志賀地域における被災状況調査（令和6年4月版）の図表を一部改変

と②を失ってしまったら、そこは屋内退避施設としての機能を失ったことになります。

能登半島地震によって、屋内退避施設はどうなったでしょうか。

（1） 6施設は放射線防護の機能を失った

石川県には志賀原発から30km圏内に、屋内退避施設が20施設ありますが、能登半島地震によって6施設が放射線防護の機能を喪失しました。また、この6施設を含めて14施設が損傷を受けました（表3-5）。

表3-6は、屋内退避施設の被害状況の詳細です。[38]

特別養護老人ホームはまなす園（志賀町）は、スプリンクラーが作動して陽圧化装置操作盤が水をかぶったため、陽圧にすることができなくなり

表3-5　能登半島地震による屋内避難施設の被害状況

市町	施設名	所在地	施設管理者	被災状況 ※1	被災状況 ※2
志賀町	特別養護老人ホームはまなす園	志賀町赤住ハ-4-1	社会福祉法人はまなす園	○	○
	志賀町総合武道館	志賀町町への1-1	志賀町	○	
	旧福浦小学校	志賀町福浦港4-4-2	志賀町	○	
	町立富来病院	志賀町富来地頭町7の110番地の1	志賀町病院事業管理者	○	○
	志賀町地域交流センター	志賀町西山台1丁目1	志賀町		
	志賀町文化ホール	志賀町高浜町カの1番地1	志賀町	○	○
	志賀町立富来小学校	志賀町相神にの80番地	志賀町	○	○
	旧下甘田保育園	志賀町二所宮ノの59番地2	志賀町	○	
	富来防災センター	志賀町富来高田2の41番地	志賀町	○	
	旧土田小学校	仏木マの4番地	志賀町	○	
	稗造防災センター	志賀町今田2の15番地	志賀町	○	
	西浦防災センター	志賀町鹿頭との122番地1	志賀町		
七尾市	公立能登総合病院	七尾市藤橋町ア部6番地4	七尾市病院事業管理者		
	七尾市豊川公民館	七尾市中島町豊田町ル13-1	豊川公民館		
輪島市	剱地交流センター（旧剱地中学校）	輪島市門前町剱地ソ-13	輪島市		
羽咋市	公立羽咋病院	羽咋市的場町松崎24	羽咋市病院事業管理者		
	羽咋市立邑知中学校	羽咋市飯山町ホ57番地	羽咋市		
宝達志水町	町民センター「アステラス」	宝達志水町門前サ11番地	宝達志水町		
中能登町	生涯学習センター「ラピア鹿島」	中能登町井田に部50番地	中能登町	○	
穴水町	公立穴水病院	穴水町字川島タ9	穴水町病院事業管理者	○	

*1　能登半島地震により損傷を受けた屋内避難施設（14施設）
*2　防護施設の稼働に影響を及ぼす被害を受けた施設（6施設）

出典：石川県からの聞き取りによる

第3章　能登半島地震が実証した日本の原子力防災体制の問題点

表3-6　能登半島地震による屋内避難施設の被害状況（詳細）

市　町	施設名	重点区域	防護区画への立入の可否	陽圧の可否	備　考
志賀町	特別養護老人ホームはまなす園	PAZ	不可（スプリンクラー作動による浸水）	起動不可（操作盤への水飛散）	放射線防護施設として使用不可
	志賀町総合武道館	PAZ	防護区画外である武道場の一部損傷により、防護区画内も含めて1月2日に避難所閉鎖	2区画のうち1区画起動不可（給気ファン故障）、1区画は陽圧の可否を確認未実施	放射線防護施設として使用不可の可能性あり
	旧福浦小学校	PAZ	可	確認未実施（起動できるが、差圧検知されず）	放射線防護施設として使用不可の可能性あり
	町立富来病院	UPZ	不可（スプリンクラー作動による浸水、柱損傷）	可	放射線防護施設として使用不可
	志賀町地域交流センター	UPZ	可	点検未実施	避難所として使用中
	志賀町文化ホール	UPZ	可	点検未実施（防護区画内にクラック、雨漏り）	避難所として使用中。放射線防護施設として使用不可の可能性あり
	志賀町立富来小学校	UPZ	不可（「倒壊のおそれあり」と判定）	可	放射線防護施設として使用不可。上記判定後、1月30日に避難所閉鎖
	旧下甘田保育園	UPZ	可	可	放射線防護施設として使用可
	富来防災センター	UPZ	可	点検未実施	避難所として使用中
	旧土田小学校	UPZ	可	可	放射線防護施設として使用可
	稗造防災センター	UPZ	可	点検未実施	避難所として使用中
	西浦防災センター	UPZ	可	点検未実施	避難所として使用中
七尾市	公立能登総合病院	UPZ	可	可	放射線防護施設として使用可
	七尾市豊川公民館	UPZ	可	可	放射線防護施設として使用可
輪島市	剱地交流センター（旧剱地中学校）	UPZ	可	可	放射線防護施設として使用可
羽咋市	公立羽咋病院	UPZ	可	可	放射線防護施設として使用可
	羽咋市立邑知中学校	UPZ	可	可	放射線防護施設として使用可
宝達志水町	町民センター「アステラス」	UPZ	可	可	放射線防護施設として使用可
中能登町	生涯学習センター「ラピア鹿島」	UPZ	可	可	放射線防護施設として使用可。防護区画以外の一部損傷により避難所として使用せず
穴水町	公立穴水病院	UPZ	可	可	放射線防護施設として使用可

注：　建物構造はすべて鉄筋コンクリート（RC）造である
出典：内閣府（原子力防災担当）、令和6年能登半島地震に係る志賀地域における被災状況調査（令和6年4月版）

ました。志賀町総合武道館（同）は２つある防護区画のうち、給気ファンが故障したため１区画で陽圧にすることができなくなりました。もう１区画は陽圧装置の起動はできましたが、実際に陽圧になっているかどうかは確認できませんでした。

　こうしたことから、放射線防護施設としての機能を失ったのが３施設、機能しない可能性があるのが３施設（うち１施設は、２区画のうち１区画で機能喪失）となっていました。このほかにも、陽圧の可否が確認できていない施設がありました。

　志賀町立富来小学校（志賀町）は建物が倒壊する恐れがあったため、防護区画内への立ち入りが禁止されました。町立富来病院（同）はスプリンクラー作動により防護区画内外が浸水し、同区画内の柱も損傷したため、病院の判断で防護区画内への立ち入りが禁止されました。特別養護老人ホームはまなす園ではスプリンクラー作動により防護区画の内外が浸水したため、同区画内の入居者が施設内の他の場所に移動しました。

（２）３～７日程度の備蓄では足りない

　屋内退避施設には、要配慮者と介助者などが３～７日程度滞在するために、長期保存食・水、寝袋・エアマット、衛生品（ウェットタオル、使い捨てのシーツやゴム手袋、紙オムツなど）が備蓄されています。電源として非常用ディーゼル発電機が設置されていて、その燃料も概ね３～７日分が備蓄されています。なお、志賀町の屋内退避施設12か所の収容人数の合計は1417人です。

　能登半島地震では、奥能登２市２町（輪島市、珠洲市、能登町、穴水町）の避難所では65％で備蓄がなく（輪島市は48か所のうち26か所、穴水町42か所のうち33か所、穴水町は53か所のうち52か所で備蓄なし。珠洲市は26か所すべてで備蓄あり）、非常食が被災初日に底をついたところがありました。以下は、奥能登２市２町の避難者と備蓄状況です。[41]

　市　　町　　食料備蓄（食分）　避難者（人）　人口（人、１月１日現在）

第3章　能登半島地震が実証した日本の原子力防災体制の問題点

輪島市	5400	11681	21903
珠洲市	9000	6981	11721
能登町	12550	5505	14277
穴水町	4000	3815	7312

　正院小学校（珠洲市）には485人が避難していましたが、同校に備蓄していた非常食はアルファ米50食分と水12リットルで、全員には行きわたりませんでした。そこで住民が自宅から正月用の餅などを持ち寄り、消防団が近くの井戸から水を汲んでしのぎました。300人が避難した鵜川小学校（能登町）にはアルファ米があったものの、初日になくなってしまいました。被災翌日の2日には学校に保管してあった米と野菜を使って調理したものの、1人分はスープひとくちと小さいおにぎりだけでした。

　備蓄品庫（図3-8）に3〜7日分の食料が保存してある屋内退避施設は当初、こうした避難所のような深刻な状況ではなかったと推測しますが、能登半島地震の後に要配慮者と介助者だけがやってきたわけではないでしょう。また、要配慮者と介助者しか受け入れないなどということは、できるはずがありません。筆者は4月上旬に稗造防災センターの状況を見てきましたが、近くの集落ではトイレがまだ使えないため、近隣の住民の方々が同センターへ簡易トイレを使いに来ていました。地震直後には、同センターにも多くの住民の方々が避難していたと推測されます。

　能登半島地震では、能登地方6市町で発災翌日の1月2日に1次避難所に避難した方が3万人を超えました。その後、金沢市が1月8日にいしかわ総合スポーツセンターに1.5次避難所、1月10日に額谷ふれあい体育館などに輪島市民向け広域避難所を開設するなどして、1月13日頃に1次避難所の避難者数が約2万人、1月24日頃に約1万人となりましたが、2月末の時点でも5000人以上の方が1次避難所に避難していました[42]。こうしたことをふまえると、屋内退避施設の備蓄品が3〜7日分であるのは、想定が短すぎると考えられます。

　能登半島地震は厳冬期に起こりましたが、1次避難所では寒さのほか、プライバシー確保が難しい・入浴ができない・食事の支給が少なく、物資も十分

に行き届かない・感染症が蔓延した、などの深刻な状況が明らかになっています[42]。このような状況の中で、災害関連死も起こってしまいました。

　原発事故時の避難所でも、同様の事態になってしまうと危惧されます。この点でも、約15万人が避難することを想定した原子力防災計画は、非現実的であると考えます。

　能登半島地震では、以下のことが明らかになりました。

① 能登半島の各地で道路が通行止めとなり、集落の孤立も発生した。そのような状況のもとで、志賀原発でシビアアクシデントが起こった際に多くの人々が自動車で避難するのは不可能である
② 放射線被曝を避けることによる被害を防ぐことを優先して、避難しないで建物にこもるという行動も、地震で多くの家屋が深刻な被害を受けたため、これを選択することができなくなってしまった
③ 放射線防護のための備えを施した屋内退避施設も、地震によって多くのところで機能を喪失し、建物に入ることすら危険になったところもあった

　能登半島地震の深刻な被害は、大地震と原発事故という複合災害には日本の原子力防災体制がまったく役に立たないことを実証し、その根本的な見直しを突き付けたといえるでしょう。

〈参考文献と注〉

1) 石川県、石川県地域防災計画・原子力防災計画編（2021）、https://www.pref.ishikawa.lg.jp/bousai/bousai_g/bousaikeikaku/documents/genshiryokubousai.pdf、2024年7月10日閲覧．

第3章　能登半島地震が実証した日本の原子力防災体制の問題点

2) 児玉一八、活断層上の欠陥原子炉　志賀原発－はたして福島の事故は特別か、東洋書店（2013）．
3) 児玉一八、原発で重大事故－その時、どのように命を守るか？、あけび書房（2023）．
4) 北陸中日新聞、志賀町長 再稼働に慎重－原発避難経路「抜本的見直し」、2024年2月3日．
5) 憂慮する科学者同盟、原発の安全性への疑問　ラスムッセン報告批判、水曜社（1979）．
6) 原子力安全委員会、原子力施設等の防災対策について（1980年6月策定、2010年8月最終改定）．
7) 原子炉を設計する際には、あらかじめ起こり得る事故（設計基準事故）を想定します。これを超える事故が起こると、想定された手段では炉心冷却や核反応の制御ができなくなります。そうなると運転員は、想定外の手段を自分でさがして対応しなければならず、こうした事故をシビアアクシデントといいます。
　　舘野　淳、シビアアクシデントの脅威、東洋書店（2012）．
8) 青柳長紀、苛酷事故と原子力防災、日本科学者会議シンポジウム「巨大地震と原発－福島原発事故が意味するもの」、（2012）．
9) 石川県、2010年石川県原子力防災訓練実施要項（2010）．
10) 舘野　淳、廃炉時代が始まった、朝日新聞社（2000）．
11) 原子力ハンドブック編集委員会編、原子力ハンドブック、オーム社（2007）．
12) 日本原子力研究開発機構、我が国の新たな原子力災害対策の基本的な考え方について（2013）．
13) Sv（シーベルト）は放射線の人への影響の大きさを示す数値で、物質に吸収された放射線のエネルギー（単位はグレイ（Gy））から換算されます。
14) 野口邦和、原発・放射能図解データ、大月書店（2011）．
15) 小松賢志、現代人のための放射線生物学、京都大学学術出版会（2017）．
16) 野口邦和、放射能のはなし、新日本出版社（2011）．
17) 石川県、平成24年度道路交通センサス（2013）．
18) 石川県、平成19年能登半島地震災害記録誌（2009）．
19) ボトルネックは「瓶の首」のことで、例えば川の幅が広いところから急に狭いところに入ると、流量が制限されて流れが滞ってしまいます。これと同じように、狭まった首の部分で制限を受けることを、ボトルネックといいます。

20) 石川県危機対策課から、「通常の交通量については道路交通センサスを使い、そこに住民避難の指示が出て避難に伴う自動車の台数が加わってくると想定し、さらに青柏祭（七尾市）や 30km 圏内の 8 月の日曜の入り込み客数を観光統計から推計し、そういった際の避難に要する時間をシミュレートした。その結果は、通常の状況では 5km 圏は 6 時間、30km 圏は 10 時間 15 分となった。観光客が入り込んでいる際の推計では、8 月の休日ピークに 30km 圏内に 6 万 8000 人の観光客がいるとした想定では、5km 圏の避難は 9 時間、30km 圏は 11 時間 15 分。5 月に青柏祭が行われている想定では、青柏祭会場に 4 万人、30km 圏内にこの時期の観光客として 3 万 4000 人がいるとした場合、5km 圏では 8 時間 45 分、30km 圏では 11 時間 45 分となった」と説明を聞きました（2014 年 11 月 27 日）。
21) 石川県、石川県地域防災計画・原子力防災計画編、参考資料 1　避難先に関する資料（2021）、https://www.pref.ishikawa.lg.jp/bousai/bousai_g/bousaikeikaku/documents/sannkousiryou1hinansaki.pdf、2024 年 7 月 10 日閲覧．
22) 政治経済研究所編、福島事故後の原発の焦点、本の泉社（2018）．
23) 福島県県民健康調査の問診票に書かれた行動記録をふまえて、放射線医学総合研究所の外部被曝線量評価システムによって 2011 年 3 月 11 日～ 7 月 11 日の実効線量を推計した数値です。線量は福島第一原発事故に伴って、自然放射線による被曝量に「上乗せされた量」を示します。
24) 双葉町、広野町、浪江町、楢葉町、大熊町、富岡町、飯舘村、川俣町、南相馬市、田村市、川内村、葛尾村の 12 市町村。
25) 国連科学委員会（UNSCEAR）、2020 年報告書．
26) 陰膳法は、調査対象の家族に自分たちが食べる食事と同じものを 1 食分余分に作ってもらい、その食事を 1 ～ 3 日分ほどまとめて放射性物質の分析を行って、当該家族 1 人が平均して 1 日にどのくらいの放射性物質を摂取しているかを調べる方法です。ヒューマンカウンターはホールボディーカウンター、全身カウンタともいい、人の体内の放射性物質から放出されるガンマ線を体外の検出器によって測定し、体内の放射性物質の量を調べる装置です。
27) 野口邦和ら、福島第一原発事故 10 年の再検証、あけび書房（2021）．
28) 清水修二ら、しあわせになるための「福島差別」論、かもがわ出版（2017）．
29) 一ノ瀬正樹、放射能問題の被害性—哲学は復興に向けて何を語れるか、国際哲学研究　別冊 1　ポスト福島の哲学（2013）．
30) 一ノ瀬正樹、いのちとリスクの哲学、MYU（2021）．

31) 被曝線量から天然の放射線による被曝線量を除いたものを、追加被曝線量といいます。ここでの追加被曝線量は、原発事故によって外部にもれ出した放射性物質により、「余計に浴びた」放射線量のことです。
32) 野口邦和、放射能からママと子どもを守る本、法研（2011）．
33) 原子力規制委員会「原子力災害時の防護措置の考え方」（2016）は、「PAZ圏内のような施設の近くの住民は、プルームによる内部被曝だけではなく、プルームや沈着核種からの高線量の外部被曝を含めた影響を避けるため、放射性物質が放出される前から予防的に避難することを基本として考えるべきである。ただし、この場合であっても、避難行動に伴う健康影響を勘案して、特に高齢者や傷病者等の要配慮者については、近傍の遮へい効果や気密性が高いコンクリート建屋の中で屋内退避を行うことが有効である。一方で、比較的施設から距離の離れたUPZ圏内においては、吸入による内部被曝のリスクをできる限り低く抑え、避難行動による危険を避けるためにも、まずは屋内退避をとることを基本とすべきである」としています。
34) 石川県「石川県避難計画要綱」（2019）は屋内退避について、「屋内退避は、避難の指示等が行われるまでや、避難又は一時移転が困難な場合に行うものである。特に、病院や社会福祉施設等においては、搬送に伴うリスクを勘案すると、早急に避難することが適当ではなく、搬送先の受入準備が整うまで、一時的に施設等に屋内退避を続けることが有効な放射線防護措置であることに留意する。この場合は、一般的に遮へい効果や気密性が比較的高いコンクリート建屋への屋内退避が有効である」と説明しています。
35) 朝日新聞、孤立 心も「限界」、2024年1月6日．
36) 石川県土木部、令和6年能登半島地震による被害等の状況等について．
37) 石川県、石川県地域防災計画・原子力防災計画編、参考資料2 避難ルートに関する資料（2021）、https://www.pref.ishikawa.lg.jp/bousai/bousai_g/bousaikeikaku/documents/sankou2_r11015.pdf、2024年7月10日閲覧．
38) 内閣府（原子力防災担当）、令和6年能登半島地震に係る志賀地域における被災状況調査（令和6年4月版）、2024年4月12日、https://www8.cao.go.jp/genshiryoku_bousai/kyougikai/pdf/05_shika_shiryou09_1.pdf、2024年7月10日閲覧．
39) 中能登農道橋の復旧について、石川県議会2024年6月定例会で知事が、1年から1年半後の暫定供用を目標に応急復旧工事に着手し、本復旧までには3年程度かかる見通しと述べました。

北陸中日新聞、ツインブリッジ復旧工事着手へ−最短1年で仮開通、2024年6月12日.

40) 石川県災害対策本部会議資料には、孤立とは「中山間部、沿岸地域、島嶼部などの地区において、以下の要因等により、道路交通及び海上交通による外部からのアクセス（四輪自動車で通行かどうかを目安）が途絶し、人の移動、物資の流通が困難もしくは不可能となる状態」であると書かれています。孤立になる要因として、①地震、風水害に伴う土砂災害等による道路構造物の損傷、道路への土砂堆積、②地震動に伴う液状化による道路構造物の損傷、③津波による浸水、道路構造物の損傷、流出物の堆積、④地震または津波による船舶の停泊施設の被災、の4つがあげられています。

41) 北陸中日新聞、非常食 初日に底つく−奥能登の避難所 65％で備蓄なし、2024年7月5日.

42) 北陸中日新聞、2次避難 次々と難問、2024年7月10日.

第4章

能登半島地震後、
石川県の
原子力防災体制は
どうなったか

筆者は北陸電力・志賀原子力発電所（原発）が立地している石川県において、同原発1号機の試運転開始（1992年11月2日）前の1991年から原子力防災計画について研究し、営業運転開始（1993年7月30日）翌年の1994年から原子力防災訓練を視察してきました。福島第一原発事故後は、これらが原発事故時に住民の命を守るために役に立つのか否かを検証した結果をふまえて、石川県に毎年、原子力防災計画・訓練の改善に向けた提案を行ってきました。

　この章ではこうした活動と、能登半島地震後に行った石川県からの聞き取りについてご紹介して、地震をふまえて石川県の原子力防災体制はどうなったかを検証します。

第1節　石川県原子力防災訓練の視察と改善に向けた提案

（1）原子力防災訓練ではどんなことが行われているか

　石川県原子力防災訓練は福島第一原発事故が発生した2011年には行われず、2012年6月9日に事故後初の訓練が行われました。以後、2013年11月16日、2014年11月2〜3日（この年は国などが主催した原子力総合防災訓練）、2015年11月23日、2016年11月20日、2017年11月26日、2018年11月11日、2019年11月4日、2020年11月22日（この年は新型コロナウイルス感染症パンデミックのため、住民は訓練に参加しませんでした）、2021年11月23日、2022年11月23日、2023年11月23日に石川県原子力防災訓練が行われ、筆者はすべて視察しました。訓練の実施前には毎年、石川県から訓練の内容について説明を聞きました。

　石川県原子力防災訓練は、図4-1のように行われています。

　図4-1の①は、志賀原発から30キロメートル（km）圏内から避難してきた住民の、放射性物質による身体や衣服、靴などの汚染を調べる訓練です。この写真は2014年の訓練で撮影したもので、放射線測定器（端窓型GMサーベイメータ）を使っているのは日本原子力研究開発機構（原子力機

第 4 章　能登半島地震後、石川県の原子力防災体制はどうなったか

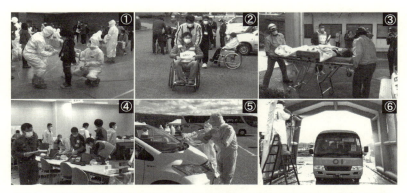

図4-1　石川県原子力防災訓練の様子。①は避難した住民の汚染検査、②③は避難行動要支援者の避難、④はオフサイトセンターの運営、⑤は車両の汚染検査、⑥は車両の簡易除染（写真は筆者撮影）

構）の職員です。原子力機構の 2 人は GM サーベイメータの取り扱いに慣れているようでしたが、その他の人（医療機関から派遣）は取り扱った経験がほとんどないように思われ、間違ったやり方をしている人がほとんどでした（後ほど詳しく述べます）。

　図 4-1 の②は、避難する際に介助が必要な人（避難行動要支援者）が車椅子で、③は担架で避難する訓練です。

　図 4-1 の④は、石川県志賀オフサイトセンター（志賀原発から約 8.6km）に現地災害対策本部を設置し、事故に関する情報をふまえて原子力防災対策を検討して発出する訓練（オフサイトセンター運営訓練）です。ちなみにオフサイトセンターとは、原発などの原子力施設で緊急事態が起こった時に、事故が発生した敷地（オンサイト）から離れた外部（オフサイト）で現地の応急対策をとるための拠点施設のことをいいます。

　図 4-1 の⑤は、避難してきた住民が乗ってきた車両（自家用車、バスなど）の放射性物質による汚染を調べる訓練、⑥は汚染が見つかった車両について、水を吹きかけて放射性物質を除去する訓練です。

　図 4-2 は、石川県原子力防災訓練で行われている内容と実施場所を、地図上に描いたものです。この図は 2018 年の訓練のもので、放射性物質が

南寄りの風によって北の方向に拡散したという想定で行われました。この年の訓練には、30km圏内の8市町（志賀町、七尾市、輪島市、羽咋市、かほく市、穴水町、中能登町、宝達志水町）の住民約1000人と、内閣府・原子力規制委員会・自衛隊などの国の機関と、石川県・県内19市町・公立病院・県警察本部など約270機関の約1200人、合計して約2200人が参加しました。

　志賀原発の周辺での原子力防災訓練は、放射性物質の拡散を想定する方向によって、志賀原発から見て北・北東・東・南東・南南東の5つの地域のいずれかで行っています。2018年の訓練は、志賀原発から5km圏内は「発電所から北側の志賀町熊野地区などの住民は、避難計画に定められた能登町に避難し、南側の志加浦(しかうら)地区等の住民は白山市に避難する」、5～30km圏は「対象地域（志賀町・輪島市の一部地区）の住民は、避難計画に定められた輪島市、能登町に避難する」という内容でした。なぜ2018年の訓練について書いたかというと、能登半島地震が発生した2024年はこの年と同じように、「放射性物質が北の方向に拡散したという想定」で訓練が行われる予定だったからです。

　訓練で想定している原発事故は、福島第一原発事故後は「志賀町で震度6強の地震が発生し、志賀原子力発電所2号機において、原子炉が自動停止するとともに外部電源を喪失し、その後、非常用の炉心冷却装置による注水が不能となり、全面緊急事態となる。さらに、事態が進展し、放射性物質が放出され、その影響が発電所周辺地域に及ぶ」といったものになっています。

（2）放射性物質の汚染を椅子が広げてしまう

　筆者は住民運動（原発問題住民運動石川県連絡センター）の事務局長として石川県に毎年、原子力防災計画・訓練の改善に向けた提案を行ってきましたが、それをふまえて改善されたことがいくつかあります。そのうち3つをご紹介しましょう。

　原子力防災訓練でずっと気になっていたことの一つが、避難してきた

第4章 能登半島地震後、石川県の原子力防災体制はどうなったか

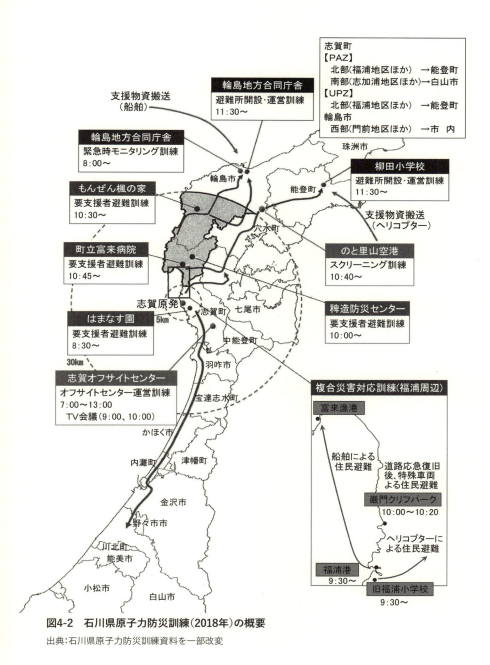

図4-2 石川県原子力防災訓練(2018年)の概要
出典:石川県原子力防災訓練資料を一部改変

人々が汚染検査をする建物（避難退域時検査場所）に到着した際、椅子にすわって受付を待つことでした（図4-3の上左）。汚染検査は、「放射性物質で汚染しているのか否か」を検査するのですから、その結果が分かるまでは「全員が汚染している可能性がある」と考える必要があります。ところが汚染検査をする前に椅子にすわってしまうと、もしお尻や背中などに放射性物質が付着していたら、その放射性物質が椅子を汚染してしまい、さらに椅子に別の人がすわれば、次はその人に汚染が広がってしまいます（図4-3の下）。

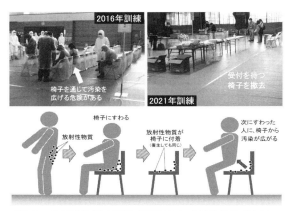

図4-3　放射性物質の汚染が椅子から広がる危険がある

　ちなみに30km圏内から避難してきた住民は、次のような順番で汚染検査・除染を行います。

- 受付で「避難退域時検査票」に、氏名・性別・生年月日・住所・携帯電話番号を記入する
- 一次スクリーニング。GMサーベイメータ（端窓式）で、顔面・頭部・手のひら・手の甲・靴底の汚染を検査する
- 医師による問診を受ける
- 一次スクリーニングで汚染が認められなかったら、避難所へ向かう。汚染が認められたら簡易除染（汚染箇所をウェットティッシュで拭う）

第4章　能登半島地震後、石川県の原子力防災体制はどうなったか

を行う
・二次スクリーニング。GMサーベイメータで除染できたか否かを検査する。除染できていなかったら、除染テントで全身を除染する

　椅子が汚染を広げてしまう問題を考える上で参考になるのが、2006年に起こった放射性核種ポロニウム210によるアレクサンドル・リトビネンコ氏（元ロシア連邦保安庁（FSB）中佐）暗殺事件です。この事件では、ブリティッシュ・エアウェイズの航空機の座席がポロニウム210で汚染し、その座席から汚染が多くの人に広がりました。最終的には、合計221便に搭乗した約3万3000人に対して、英国保健省緊急窓口への連絡を要請したとされています。[1]

　筆者は、避難退域時検査場所の受付前の椅子にはこのような問題があることを、石川県の原子力防災訓練を担当している部局に毎年、伝えてきました。それに対する県の説明は、「避難してきた人たちを立ったまま待たせると疲れてしまうだろうから、椅子を準備した」ということでした。そういった配慮は理解できないことではないですが、それならば訓練会場で避難してきた人たちに、「今日は椅子を用意してありますが、これは立ったままだとお疲れになると思って準備しました。しかし、実際の事故の場合は、放射性物質の汚染を拡大することにつながる可能性がありますから、椅子は準備しないことになります」といった説明をすればいいことですし、石川県にもそのように伝えました。

　2020年までの原子力防災訓練では受付前の椅子が置かれていたのですが（図4-3の上左）、2021年の訓練からその椅子がなくなりました（図4-3の上右）。訓練会場で県の担当者になぜこのように変わったのか聞いたところ、筆者が指摘したことをふまえて椅子は置かないようにしたとのことでした。こうした石川県の柔軟な対応は、大いに評価できると思います。

（3）ポリエチレンろ紙は、ろ紙面を表に敷かなければならない

　2016年の石川県原子力防災訓練のことですが、GMサーベイメータの

取り扱いや簡易除染の方法についての県職員の説明が、「どうやらこの人は、GMサーベイメータを扱った経験がほとんどないのだろうな」と推測せざるを得ない内容でした。腑に落ちないことが少なからずあったので、筆者はその人に聞いてみたところ、放射線や放射性物質に関する専門知識はまったくないといっていました。「それでスクリーニングや除染の説明ができるのか」とさらに聞くと、「国のマニュアル通りに行えば、誰でもできる」と答えました。

　ところが、放射線や放射性物質に関する知識がないと、とんでもない間違いをしてしまいます。そのことを実証したのが、2019年の石川県原子力防災訓練で起こった「除染台のポリエチレンろ紙の裏敷き」です（図4-4）。

図4-4　ポリエチレンろ紙の正しい敷き方（左）と石川県原子力防災訓練での「裏敷き」（中、右）

　この年の訓練で、避難退域時検査訓練会場（石川県立看護大学体育館）を視察していたところ、簡易除染台に敷かれた「ポリエチレンろ紙」が何となくおかしいのが遠目に分かりました。近づいてよく見てみると、ポリエチレンろ紙の「表と裏」が逆になって敷かれていました。

　非密封の放射性物質を扱う実験室では見慣れた風景ですが、実験台には必ずポリエチレンろ紙が敷いてあります。避難退域時検査訓練会場の簡易除染台にも、このポリエチレンろ紙を敷くことになっていました。

　ところで、ポリエチレンろ紙は「上層がろ紙、下層が防水用のポリエチレン」という構造になっています。なぜかというと、放射性物質の溶液などがこぼれた時にろ紙でそれを吸収して、まわりに汚染を広げないためです。したがって、ポリエチレンろ紙を敷く時は必ず、ろ紙面を表にしなけ

ればなりません。ポリエチレン面を表に敷くと、放射性物質の汚染をかえって広げてしまいます（図4-4の左）。

　ところが2019年の訓練では、「ポリエチレン面が表に敷かれていた」のです。そうすると光を反射して光って見えるので、遠目で見ても「おかしい」と分かります（図4-4の中）。それなのにこの初歩的な間違いに、ある大学からきていたアドバイザーも、除染台のまわりにいる15人ほどの放射線技師も、誰一人として気づいていませんでした。そこで筆者はアドバイザーに「これ、裏ではないですか」と話したのですが、そのとたんに慌てて敷き直しが始まりました（図4-4の右）。

　また、筆者は訓練でのポリエチレンろ紙の敷き方を毎年チェックしてきたのですが、以下のようにころころ変わっていました。

　　2013年　敷かれておらず、除染台がむき出し
　　2014年　除染台の半面だけに敷いた。ろ紙面が表
　　2015年　除染台の全面に初めて敷かれた。ろ紙面が表
　　2016年　敷かれておらず、除染台がむき出し
　　2017年　除染台の全面に敷かれた。ろ紙面が表
　　2018年　除染台の全面に敷かれた。ろ紙面が表
　　2019年　全面に敷かれたが、ポリエチレン面が表（裏敷き）

　要するに、ポリエチレンろ紙がどのような物で、何のために敷くかが理解されないまま「適当に」敷いていたので、毎年の訓練でこのように敷き方がばらばらになったわけです。2019年の訓練後に「裏敷き」を石川県に伝えたところ、翌年（2020年）の訓練で筆者が除染台のところに行くと担当者が「今年はちゃんと敷きました」と、こちらが聞いてもいないのに説明してくれるようになりました。

　このように、「ポリエチレンろ紙は、ろ紙面を表に敷かなければならない」ということも、筆者の提案をふまえて改善されました。

（４）GMサーベイメータを正しく使わないと、汚染は検知できない

　GMサーベイメータ（放射線測定器の一種）は、正しく使わなければ正しい測定値は得られません。そしてこれを正しく使うためには、放射線の性質や放射性物質の挙動、サーベイメータの特性などを知っておく必要があります。原子力規制庁のマニュアル[3]（規制庁マニュアル）には、白川芳幸の「サーベイメータの適切な使用のための応答実験」という論文が、参考文献として紹介されています[4]。

　白川はGMサーベイメータについて、「一見、簡単な装置に思えるが、その性質を熟知していないと測定は容易ではない」、「表面汚染検査をする時には、サーベイメータの時定数[5]を3秒にして、測定面から10mmほど離して、毎秒50mmほどのゆっくりした速さで動かす。指針が通常より振れたと感じた場合には、その場所で時定数を10秒に変えて、サーベイメータを静止させ、20秒から30秒待って指示値を読む」と書いています。なお、GMサーベイメータが放射線を検出するとスピーカーから音が出るようになっていて（モニタスピーカー音）、測定時にはこれを「ON」にしておく必要があります。指示値をいちいち見なくても、音で汚染の有無が分かるからです。

　これらを図示したのが、図4-5の左です。ところが原子力防災訓練では、このような使用上の留意点を端から無視した「測定」が漫然と続けられていました。なぜかというと、規制庁マニュアルが間違っているからです[3]。

図4-5　GMサーベイメータ（端窓式）の正しい取り扱い方（左、右）と間違った取り扱い方（中）

第4章　能登半島地震後、石川県の原子力防災体制はどうなったか

　規制庁マニュアルは避難住民の汚染検査について、「検査対象の表面と検出部の距離を数cm以内に保ちながら、毎秒約10cmの速度でプローブ（引用者注：放射線の検出部）を移動させる」と書いています。しかし白川は、「移動速度毎秒10cmでは、応答が小さすぎて熟練者以外では線源の存在を確認することは難しい。実際の汚染は実験に使用した線源より放射能強度（引用者注：ベクレル（Bq）、あるいはベクレル毎平方センチメートル（Bq/cm^2））が低く、発見は一層難しいので、この速さを推奨しない」と明確に述べています。すなわち、毎秒10cmでは汚染を発見できないから、そのような速さでプローブを移動してはいけないということです。参考文献が「やってはいけない」というやり方をマニュアルに書くのは、いかがなものかと思います。

　規制庁マニュアルには、参考文献の引用で明らかな誤記も見つかりました。マニュアルの2015年8月26日修正版には、「約40,000cpm（引用者注：cpmは検出器で1分間に検出された放射線の数）である線源を、時定数3秒、移動速度毎秒10cm、表面からの高さ10cmで計測した場合、GMサーベイメータの指示値は6,000cpm増加する」と書かれていて、その根拠として白川の論文が載っていました。ところが白川が書いているのは、先ほどご紹介したように「測定面から10mmほど離して」であり、原子力規制庁は「mm」を「cm」に誤記していたわけです。

　2017年1月30日に石川県危機対策課と懇談した時に、筆者は白川の論文と規制庁マニュアルを示しながら、「規制庁は参考文献の数字を誤読しているのではないですか」と話しました。県からは「ここまできちんと資料を示されているので、こちらから関係のところに聞いてみます」との回答がありました。後日、規制庁マニュアルを確認したところ、2017年1月30日（筆者が石川県危機対策課と懇談した日と、なぜか同じでした）付の修正版がアップされていて、問題の記述は「検出部入射面との高さを10mmに保ち」に変更されていました。

　ところが2022年の原子力防災訓練では、原子力安全研究協会の職員が規制庁マニュアルすら無視した説明をしていました。その人のGMサーベイメータの取り扱いを見ていると、プローブから避難住民の体の表面（衣

服)までの距離が離れすぎていて、プローブを移動する速度も速すぎました。おまけに、「迅速性を損なわない必要がある」という理屈をつけて、測定を行ったのは頭・顔・掌と指・靴底だけでした。

　こんなやり方で、放射性物質の汚染を検出できるはずがありません。ちなみに内閣府の文書には防災業務関係者の汚染スクリーニング法について、「表面から1cm程度離して、全身を一筆書きのように検査した後、後と側面も同様に検査する」と書かれています。

　原子力安全研究協会の職員の説明を聞いていると、「(本体とプローブを結ぶ)ケーブルを首に巻く」、「本体は左手・プローブは右手」(プローブは"利き腕"で持つのが基本なのに)、「本体とプローブを並べて持ち、検査する場所に近づけて両方をいっしょに動かす」という摩訶不思議なもので(図4-5の中)、なぜこのような説明をする人物をわざわざ呼んだのか、まったく理解できませんでした。筆者は2022年訓練の視察をふまえて、2023年1月13日に石川県に原子力防災計画・訓練の改善に向けた提案と懇談をした際、県の担当課にこのことを伝えました。

　2023年の石川県原子力防災訓練では、広島大学災害医療総合支援センターの職員がGMサーベイメータの取り扱いについて、「放射線は距離の逆二乗で減衰してカウント数が低くなるので、測定面からプローブを離さないことが重要。それから、とにかくゆっくりとプローブを動かすこと。この2つに気をつける」、「国のマニュアルは(プローブを動かす速度を)1秒間で10cmと書いてあるが、これでは(除染の基準となっている)4万cpmを拾うことはなかなかできない」などの適切な説明を行っていました(図4-5の右)。

　2023年訓練での説明は、筆者が2022年までずっと指摘し続けてきたことに合致し、さらに国のマニュアルの問題点にも言及していました。このようにサーベイメータの取り扱いに関する説明が大きく改善されたことも、大いに評価できると考えています。

第2節　能登半島地震をふまえて石川県の原子力防災体制はどうなったか

　筆者は石川県の住民運動の事務局長をしていて、役員や会員といっしょに毎年、「石川県原子力防災計画・訓練に関する要望書」（要望書）を提出して、県の担当部局と懇談しています（図4-6）。2023年までは、前の年の秋に行われた原子力防災訓練の視察をふまえて年明けに要望書を提出していました。ところが2024年は、石川県の担当課職員は能登半島地震の被害への対応に注力していましたから、提出と懇談ができそうな時期になるのを待って4月30日に行いました。多忙な中にもかかわらず対応していただいたことに感謝しています。

　この節では、能登半島地震をふまえて石川県の原子力防災体制はどうなったかを検証します。

図4-6　「石川県原子力防災計画・訓練の抜本的な見直しを求める要望書」の提出（左は2016年、右は2024年）

（1）「国の対応を見きわめた上」で防災計画や避難計画について対応

　筆者は能登半島地震が発生する前に、石川県原子力防災計画に記載されている避難道路のすべてを車で走ってきました。避難道路は山地を通っているところや、すれ違いができない狭いところが少なくありません。そのため、大地震と原発事故が同時に起こったら避難はきわめて困難であり、大量の人々が自動車で避難する現在の原子力防災計画は非現実的であると

指摘し続けてきたのですが、今回の地震でこれが不幸にも実証されてしまいました。能登半島地震では多くの建物が全壊・半壊するなど、深刻な家屋の被害が発生しました。屋内退避の前提にある、「建物は健全である」ということも失われてしまったわけです。

　このことをふまえて2024年は要望書の最初に、「能登半島地震の被害状況をふまえて、石川県原子力防災計画と防災訓練を抜本的に見直して、実効性のあるものに改訂すること」と書きました。このことに関して、住民運動と石川県の担当部局（危機対策課、医療対策課）の間で以下のようなやり取りがありました。

　住民運動「道路の被害は、石川県管理道路の通行止めが41路線93か所（1月4日15時現在）、高速道路の通行止めも能越自動車道で発生しています。放射線モニタリングでも重大な問題が起こりました。福島第一原発事故後に改訂された原子力防災対策は、固定型と可搬型モニタリングポストで空間線量率を測定し、その結果で防護措置の判断を行うとしています。ところが能登半島地震によって、95か所に設置されている固定型モニタリングポストのうち、16か所が送信不能となりました。地震の発生後、各地で道路が通行不能になり、可搬型モニタリングポストの設置もできなくなりました。このように、緊急時における避難や一時移転等の防護措置の判断の前提となる、空間放射線量率の測定ができなくなったわけです」

　石川県「能登半島地震では避難道路、放射線防護施設、モニタリングポストの一部などで被害が生じています。国は、今回の地震の被災状況などを検証しながら、避難経路や避難の手段などを検討するとしており、我々も今後、こうした国の対応を十分に見きわめた上で、防災計画や避難計画について対応していきたいと考えています。今後、原子力防災訓練を実施する際に、今回の地震の被災状況もふまえて、より実態に即した訓練ができるように工夫をしていかなければならないし、実効性の向上につなげていきたいと思っています」

第 4 章　能登半島地震後、石川県の原子力防災体制はどうなったか

　上記で特に気になったのは、「国の対応を十分に見きわめた上で、防災計画や避難計画について対応していきたい」というところです。

　石川県だけでなくいろいろな自治体と話をすると、「国の対応を見きわめた上で」とか「国の動向を注視しながら」という"決まり文句"をしばしば耳にします。今回もそのような発言があるかもしれないとは思っていましたが、「能登半島地震という石川県にとって未曽有の災害が起こった後に、またこれを聞くとは」と心底がっかりしました。

　第3章第4節では能登半島地震による避難道路などの被災状況について、内閣府（原子力防災担当）の調査結果をふまえて書きました。2024年2月下旬から3月中旬にかけて行われた調査の方法は、関係する自治体への聞き取りと、それをふまえた現場確認です。したがって、報告書は内閣府の名前で出されてはいますが、実際に現地で道路の寸断・孤立地区の発生・放射線防護施設の損傷などの被災状況を把握したのは奥能登などの自治体職員であり、その情報は被災した住民によってもたらされたものです[9]。

　能登半島地震をふまえて避難経路や避難の手段などを検討するためには、被災地の状況が事細かに認識されている必要があり、それができるのは千代田区永田町にある内閣府の人たちではなく、石川県や能登の自治体職員であると筆者は考えます。現地の状況がよく分かっていない国が、能登半島地震をふまえて今後の原子力防災計画や避難道路を検討したとしても、それは能登の地理的特徴などをふまえたものにはなりようがなく、「どこにでも当てはまるような（ということは同時に、どこでも役に立たないような）代物」にしかならないと推測します。

　この章の第1節でお話ししたように、石川県は原子力防災に関してしばしば柔軟な姿勢を示します。筆者が知っている情報で判断しますと、原子力防災訓練にどれだけの力を注いでいるかという点でも、石川県は他の立地道県に比べて決して見劣りするものではなく、むしろ準備をちゃんと行っているほうだと考えます。担当部局の人たちがそのような姿勢であっても、しかも目の前で能登半島地震の甚大な被害を目撃していても、「国の対応を見きわめた上で」という言葉が"自然に"口から出てしまうのは、きわめて深刻であると考えます。

能登半島地震をふまえて原子力防災計画や訓練を根本的に見直すためには、国の作業待ちという悪しき習慣とは決別し、住民とともに知恵をしぼって石川県が独自にやり遂げるという気概を持たなければいけないと考えます。

（2）地震によって空間線量率のデータが得られなくなった

志賀原発から30km圏内には固定型モニタリングポスト[10]が95か所に設置されています（環境放射線観測局）。ところが本節（1）に書いたように、能登半島地震によって発電所の北側にある16局で放射線量（空間線量率）のデータ送信ができなくなりました（図4-7）。原因は、通信回線の切断と停電によって通信装置の電源が失われたことだとされています[11]。この問題について考えてみましょう。

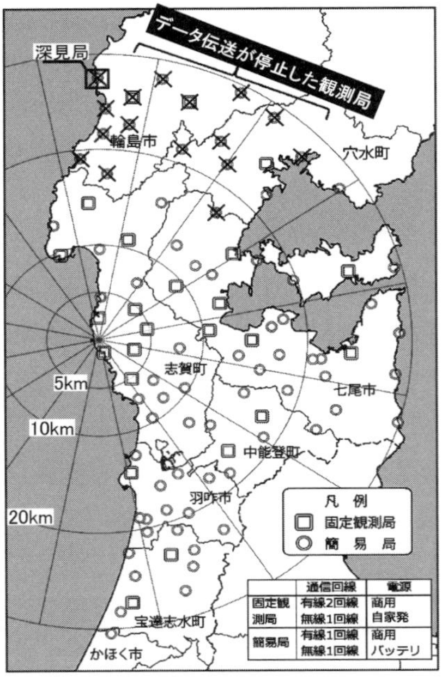

	通信回線	電源
固定観測局	有線2回線 無線1回線	商用 自家発
簡易局	有線1回線 無線1回線	商用 バッテリ

図4-7　能登半島地震で空間線量率データが得られなくなったモニタリングポスト
出典：石川県、能登半島地震による環境放射線観測局への影響

原発事故が起こった時に、命を守るためにもっともリスクが低くなる行動を選択するためには、放射線被曝による被害のリスク・放射線被曝を避けることによる被害のリスクのそれぞれがどのくらいなのかを比較考量し、考えうる最善の対策を検討しなければなりません。ところが、自分がいる場所の空間線量率から放射線被曝による被害のリスクを推定するのは、容易なことではありません。なぜかというと、放射線は私たちの五感（視覚、聴覚、触覚、味覚、嗅覚）には感じないからです。

地震や豪雨、大雪といった災害では、自分が直面しているリスク

第4章　能登半島地震後、石川県の原子力防災体制はどうなったか

がどのくらいであるかは、ある程度は五感によって推測することができます。一方、自分のまわりの空間線量率を知るには、測定器が必要です。とはいえ大多数の人は、そのような測定器は持っていません。したがって、原発事故に伴って自分のいる場所の周辺はどのくらいの空間線量率になっているのか、放射性物質がどのように拡散していくと予測されるのか、という公的な情報が必要となります。

　福島第一原発事故までは環境に放出された放射性物質の拡散を、緊急時迅速放射能影響予測システム（SPEEDI）で計算していました。SPEEDIは、原子力施設から大量の放射性物質が放出された、あるいはその恐れがあるという緊急時に、周辺環境における放射性物質の大気中濃度や被曝線量などを、放出源情報・気象条件・地形データをもとに迅速に予測するコンピュータネットワークシステムのことをいいます[1][2]。

　SPEEDIの計算結果は地域住民や避難住民に届けられて、初めて意味のある情報になります。ところが福島第一原発事故後は、そうはなりませんでした。

　福島県浪江町でSPEEDIによって高濃度汚染の予測が出たため、文部科学省は実際に空間線量率を観測して計算結果の妥当性を検証しようとしました。派遣された文科省職員は、原発から約30kmの浪江町赤宇木で3月15日21時に330マイクロシーベルト毎時（330μSv/時）を観測し、大急ぎで川俣町山木屋の公衆電話から本省にこの数値を報告しました。

　この観測によって文科省は、SPEEDI計算が定性的に正しいことを認識しました。ところが文科省と官邸は、このような数値を公表すると避難民をパニックに陥れるという理屈をつけて、SPEEDI情報も観測した数値も公表しませんでした。その結果、浜通りから中通りへ避難した住民の多くは、空間線量率がより高い地域に避難所を設置して長期間滞まったり、その地域を経由して避難したりすることになってしまいました。

　こうした問題が起こった原因は、SPEEDIが役に立たない代物だったからでは決してありません。SPEEDIの計算結果を住民が命を守るための行動を選択するために必要な緊急時情報として発信するという姿勢が、国にも自治体もまったくなかったことが原因でした。

SPEEDIの計算結果を解釈し、「仮定の放出率に基づいて計算したので、量的には不確実である」といった丁寧な解説もつけて、どの機関が責任をもって住民に発信するのかなどはっきりさせることが、福島第一原発事故後の問題からくみ取るべき教訓でした。ところが国はそうするのではなくて、SPEEDIのシステムそのものを放棄してしまいました[13]。

　国がSPEEDIの代わりに、緊急時における避難や一時移転等の防護措置の判断に使うといっているのが、固定型モニタリングポストやモニタリングカー（可搬型モニタリングポスト）による空間線量率などの実測値です。ところがモニタリングカーは、地震などで道路が通行不能になれば測定できなくなることが容易に予測できます。能登半島地震では多くの道路が発災直後に通行不能になりましたから、この予測が当たってしまったわけです。固定型モニタリングポストもまた、地震の被害が大きかった奥能登で測定値が伝送できなくなりました。

　SPEEDIの計算結果が妥当であることは福島第一原発事故の際に実証されていますから、住民が命を守るために必要なものとしてSPEEDIのシステムを復活させ、緊急時情報として積極的に発信する必要があります。筆者はこのように考えて、SPEEDI情報を原発事故時に活用することと、SPEEDI情報が住民に迅速に伝わるためのシステムを作ることを、石川県に要望してきました。

　なお、SPEEDI情報を役立てるために、気象学者の佐藤康雄は以下のことを著書で述べています[12]。

　　次の原発事故の時、遺漏なくSPEEDI情報が住民に届けられるためには、平時の訓練が欠かせない。平時の訓練を欠いておいて、1年後あるいは10年後、数十年後にどこかで起こる事故で、遺漏なくというのはほとんど望めないだろう。毎日の「天気予報」の蓄積があって、時間をおいてやって来る「台風警報」が信頼され意味を持ってくる。

　　日常的なSPEEDI情報の社会的開示が、いざという時の有効活用に結びつくのではないだろうか。例えば、原発近傍の県では、毎日1回、例えばNHKテレビの18時50分のローカルニュース後の天気予報の中で、SPEEDI

第4章　能登半島地震後、石川県の原子力防災体制はどうなったか

予測計算をテレビ情報として流し続けるというのはどうだろうか。その時、雨・雪による地上沈着量予測地図なども報じられるとさらによい。そうすると、住民は毎日（仮想的）放射性物質が今日は内陸側に流れていた…、明日は雨で地上にホットスポットが形成される可能性が高い…という仮想体験を積むことになる。

　本当にいざという時には、SPEEDI 本計算を「これは本番です」と付け加えて、そのままテレビで流せば良く、何ら特別の覚悟はいらないことになる。

（3）能登半島地震をふまえて原子力防災訓練はどうなるか

　2013 年から 2023 年までの 11 回の石川県原子力防災訓練は 11 月に実施され、そのうち 6 回は同月下旬に行われています。このこともふまえて、2024 年の原子力防災訓練について石川県に聞きました。

住民運動「石川県原子力防災訓練は毎年、風向きによって5つの方向を想定して訓練の対象地域を設定しています（図4-8）。今年（2024年）は順番からすると北の方向に向かって風が吹き、能登空港で避難退域時検査訓練を行って、能登町などへ避難することになります。能登半島地震の被災状況をふまえて、今年の訓練はどのように行われますか」

石川県「原子力防災訓練は順番でいくと北の方向というこ

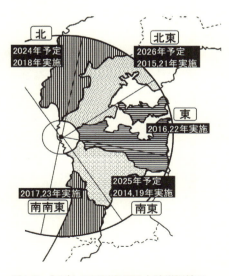

図4-8　年ごとの石川県原子力防災訓練で想定された放射性物質が拡散する方向（風向き）と避難対象地域

とですが、正直なところこのような状況ですので、どのような形がいいのか検討しています」

　放射性物質が南寄りの風によって北の方向に拡散したという想定で訓練を行った2018年は、志賀町から30km圏内に住んでいる住民は図4-2のように、志賀原発より北の志賀町はのと里山空港（輪島市）で放射性物質の汚染検査・簡易除染を行った後に能登町へ、輪島市門前地区は三井地区運動広場（輪島市）または比丘尼沢ポケットパーク（同）で汚染検査・簡易除染を行った後に輪島市輪島地区に避難しました。

　輪島市・能登町・志賀町はいずれも能登半島地震で甚大な被害を受けており、2018年と同じような訓練を行うことはむずかしいでしょう。本書の執筆時点（2024年9月）では今年の原子力防災訓練をどのように行うのかについて、情報を得ていません。とはいえ、志賀原発から30km圏内の多くの道路が、能登半島地震で橋梁の段差発生・路肩欠損・土砂崩落などによって通行止めになったことをふまえれば、2023年までの訓練のように多くの住民が自動車でいっせいに避難することを想定した訓練を行うことは、到底できないように思われます。

（4）原発事故への対応と同時に地震災害への対応も行うのは不可能

　石川県と懇談した際、能登半島地震後の県や志賀原発から30km圏内の自治体職員の動きについても聞きました。

> 住民運動「能登半島地震では志賀町で最大震度7が観測されたわけですが、そのような場合に原子力災害対策指針ではどのような対応をすることになっていましたか」
> 石　川　県「震度6強以上ですと警戒事態にあたりますので、県の職員2人がオフサイトセンターに参集して情報収集を行いました」
> 住民運動「志賀町とか七尾市の職員は参集したのですか。原子力防災訓練では参集するようになっていましたが、今回の地震ではそのへんはうまく

第 4 章　能登半島地震後、石川県の原子力防災体制はどうなったか

いったのですか」

石　川　県「他の市町の職員は、自分のところが被災した状況でしたから、原子力災害への対応はさてどうするかと思っていたら、その緊急事態はすでに終息したというところだったと推測します。原子力発電所自身もすぐに危ない状態ではなかったので、6時間とか7時間で緊急事態は終わりましたから。いずれにしても、それぞれの自治体の被災状況の把握が最優先だと思いますので。原子力発電所が何とかしなければならない状態だったら、また違っていたかもしれません」

　能登半島地震のような大地震が引き金になって志賀原発がシビアアクシデントを起こした場合、県や市町の職員は地震への対応も必要になりますし、原発事故にも対応しなければなりません。2024年1月1日の地震発生後、県の職員2人はオフサイトセンターに参集して情報収集を行いましたが、志賀原発から30km圏内の市町の職員は自分のところが被災して甚大な被害を受けていましたから、そこに残って対応に当たっていました。当然のことだと思います。

　大地震が引き金となってシビアアクシデントが起こったという状況では、県の職員も市町の職員も大多数は、オフサイトセンターに参集するということは、事故を起こした志賀原発の方向に向かって移動することを意味します。

　ところで筆者は、2014年11月2～3日に志賀原発周辺で原子力総合防災訓練が行われた際、石川県の参観バスに乗って視察したことがあります。旧オフサイトセンター（能登原子力センター、志賀原発から約5km）の駐車場で昼食休憩をとっていたら、猛烈な雨が降り始めました。その時、同じバスに乗っていたどこかの県の職員が、「こんな強い雨が降ったら、放射性物質はPAZ（原発から5km圏）に全部落ちるなぁ」とつぶやいたのを覚えています。

　シビアアクシデントが起こって放射性物質が環境に漏れ出し、そこに大雨が降ったら、原発の近くに大量の放射性物質が沈着する危険があります。そのような状況のもとでオフサイトセンターに向かったり、あるいは原子

力防災と地震災害への対応を同時並行で行ったりするのは、きわめて困難であろうと推測されます。

　大地震が引き金になって原発がシビアアクシデントを起こした場合などの複合災害において、原子力防災と災害対応をどのように行っていくのか、そもそも両方を並行して行うことが可能か否か、能登半島地震の被災状況をふまえて真摯に検討する必要があると考えます。

（5）地震による隆起と津波（引き波）で冷却水が取水できなくなったら

　能登半島地震に伴って広い範囲で地殻変動が観測され、輪島市西部から珠洲市北方までの海岸で最大4mの隆起が観測されました。また、地震が起こった直後に能登地方に大津波警報が発表され、その後の空中写真の解析や現地観測により、能登半島などの広い範囲で4m以上の津波遡上があったことが分かっています（第1章第1節（4）、同第2節（1））。

　これまでに公表されている日本海の活断層のデータなどを見ますと、能登半島西岸の沖合には活断層がいくつかあります（第1章第4節）。志賀原発は標高約20メートル（m）にありますが、この付近は約13～12万年前には海水面付近の標高にあったと考えられていますから、十数万年で20mほど隆起したわけです。こうした隆起を引き起こした候補として、能登半島西岸の沖合にある活断層があげられています。

　こういった活断層が動いて地震を発生させると、能登半島地震のような隆起が起こって、さらに津波が襲ってくることも考えられます。例えば、能登半島地震と同じような4mの隆起、4～5mの津波を想定しますと、引き波の時には双方を合計して海水面は8～9m低下することになります。

　志賀原発の取水口は海面下約6mにありますから、こうした海水面の低下が起これば取水口は海面の上に出てしまいます。志賀原発1号機の冷却水の取水量は毎秒約40立方メートル（m^3）、2号機は毎秒約93m^3です。25mプールの水は約500m^3ですから、志賀2号機の取水量だと5秒ほどで満杯のプールの水が枯渇する計算になります。引き波は1分とか2分といった時間で終わるわけではないですから、取水口が海面の上に出て熱の捨て

第4章　能登半島地震後、石川県の原子力防災体制はどうなったか

場がなくなってしまうと、ただちに炉心溶融の危険が生じてしまいます。
　このことについても石川県に聞きました。

> 住民運動「大地震と津波が引き金となってシビアアクシデントが起こることを想定すると、志賀原発は沸騰水型炉ですが、加圧水型炉だと炉心の冷却ができなくなると、最速のケースでは約20分で放射性物質の放出が始まるとされています。今回の地震では志賀原発は動いていませんでしたが、動いている状況で今回のような大地震が起こったらどうなるか、検討しておく必要があると思います」
> 石川県「地震による隆起と津波で原子炉の冷却水が取水できなくなる可能性についてお話がありましたが、原子力安全対策室の立場からしますと、新規制基準の中でそれらがないということでないと再稼働は認められませんので、そういうことはありませんと否定しておかないといけないところだと思っています」

　「新規制基準では○○がないということでないと再稼働は認められないので、○○ということはありません」という論理のもとでは、能登半島地震という現実に起こったことから教訓を汲み取って、同じような被害をくり返さないための対策を考えていくという作業はできないと考えます。筆者はこの発言を聞いた時、原子力政策は国が主導するものであって、県の職員がそれを越えて自分の判断をすることは許されないという、日本の政策決定システムが抱える根本的な欠陥が垣間見えたような気がしました。
　2013年に策定された新規制基準には、原子力防災対策が審査の対象になっていません。そのため、原発でシビアアクシデントが発生した際に実効性のある対策がなくても、原発の運転が可能となっています。原子力防災を担当する県の職員が「地震による隆起と津波（引き波）で冷却水が取水できなくなったら、原発でどんなことが起こると推測されるか。そういった場合に、原子力防災と災害対策をどうすればいいか」を考えることができないのは、このことが原因の一つになっていると考えます。
　ちなみにアメリカでは、ニューヨーク州で1984年にショーラム原発が

完成しましたが、重大事故が発生した場合の避難計画に実効性がないという理由で、州知事がその運転を承認しませんでした。このため同原発は営業運転を行うことなく、1989年に廃炉が決まりました。日本でも、原発の運転の可否を審査する対象に原子力防災対策を加えて、その実効性を検証することが必要と考えます。

第3節　能登半島地震をふまえた原子力防災体制を作ることができるのか

（1）能登半島地震をふまえて石川県原子力防災計画は白紙から作り直すべき

　「数千年に一度」という激しい揺れが元日の夕方を襲った能登半島地震では、多くの方々が亡くなったり負傷したりして、13万棟を超える建物が全半壊・損壊するなど甚大な被害が発生しました。

　石川県原子力防災計画では、志賀原発で重大な事故が起こった際は多くの人々が自動車でいっせいに避難することになっています。ところが、この地震の発災直後にのと里山海道の上下全線や能越自動車道の一部、国道249号線や同415号線をはじめ、多くの道路が通行止めとなり、自動車でのいっせい避難は「絵に描いた餅」であったことが実証されました。そもそも通行止めの全容を石川県が把握するまで、発災から3日を要しました。

　能登半島地震では輪島市・穴水町・七尾市で、道路交通または海上交通によるアクセスの途絶によって、14地区で孤立が発生しました。孤立した集落は山間部がほとんどで、法面崩落による土砂堆積・落石・倒木・道路損壊・橋梁段差によって道路が通行不能になり、孤立に至りました。海岸部では地震による隆起で海上交通が途絶したことが孤立の原因となりました。原子力防災計画には船舶による避難が描かれていますが、これもまた「絵に描いた餅」でした。

第4章　能登半島地震後、石川県の原子力防災体制はどうなったか

　石川県には志賀原発から30km圏内に、屋内退避施設が20施設ありますが、これらも甚大な被害を受けました。6施設は地震によって放射線防護の機能を喪失し、この6施設を含めて14施設が損傷を受けました。福島第一原発事故後に避難する（＝放射線被曝を避けること）にもリスクがあることが広く知られるようになり、これによって多くの人が亡くなりました。このようなことが起きないように、高齢者や障害を持つ人などの避難弱者は特に、避難しないで建物にこもるという行動を選択したほうが、命を守ることができる可能性が増す場合があります。ところが能登半島地震では、肝腎の建物が全半壊などの深刻な被害を受けてしまって、このような選択をすることも困難になってしまいました。

　能登半島地震では能登地方6市町で、発災翌日の1月2日に1次避難所に避難した方が3万人を超えました。その後、1.5次避難所や2次避難所が開設されるなどしましたが、2月末の時点でも5000人以上の方が1次避難所に避難していました。こうしたことをふまえると、屋内退避施設の備蓄品が3〜7日の滞在を想定しているのは、日数が到底足りないと考えられます。

　能登半島地震は厳冬期に起こりました。そのため1次避難所では寒さのほか、プライバシー確保が難しい・入浴ができない・食事の支給が少なく、物資も十分に行き届かない・感染症が蔓延した、などの深刻な状況に陥りました。このような状況の中で、災害関連死も起こってしまいました。原発事故時の避難所でも、同様の事態になってしまうことが危惧されます。

　現在の石川県原子力防災体制は、こうした状況に対応できるものとは到底いえませんし、そもそも約15万人が避難するという想定が非現実的であることは、能登半島地震後の状況を見れば直ちに分かります。

　それでは、能登半島地震の深刻な被害をふまえて、実効性のある石川県原子力防災計画を作ることができるかというと、それは極めて困難といわざるを得ません。とはいえ北陸電力は現在も、志賀原発の再稼働をめざすという考えを持ち続けています。石川県がこのような北電の方針を容認してきた姿勢を、能登半島地震の後も変える気がないのであれば、能登半島地震で「絵に描いた餅」であることがはっきりした現在の計画を潔く捨て

て、実効性のある石川県原子力防災計画を白紙の状態から作り直すという困難極まりない道に進んでいかなければなりません。果たして石川県にそのような覚悟があるのかが、問われていると思います。

（2）「3つの条件」を満たさないと防災体制は実効性を持つものにならない

能登半島地震による深刻な被害から真摯に教訓を引き出して、石川県原子力防災計画を白紙の状態から作り直すという作業を行ったとしても、それだけでは防災体制は実効性を持つものになりません。実効性を持つようになるためには、少なくとも以下の「3つの条件」を満たす必要があると考えます。

① 原発で刻々と変わる事故状況を電力会社が包み隠さず知らせ、それを信じてもらえるような信頼を、日ごろから電力会社が住民から得ているのか否か

原子力防災が成り立つための1つめの条件は、原発で重大事故が発生した場合に、事故がどのように起こって進展しているのか、放射性物質の環境への放出状況はどうなっているかといった情報を電力会社が住民に包み隠さずに正確に伝えて、その情報を住民が信用しているということです。ところが日本の電力会社は、ここでつまずいてしまいます。

電力会社が信頼を得ているのか否かという問題を考えるたびに、筆者は清水修二さん（福島大学名誉教授）から聞いた次の話を思い出します。

　原子力事故時の緊急時対策の調査でスイスを訪れた際に、連邦政府の役人に「日本では電力会社は情報隠しをすることがあるが、スイスではどうなのか」と聞いたところ、「そんなことをしたら、事務所に爆弾を投げ込まれる」と笑いながら、「そんなことはあり得ない」という返事をした。

第4章　能登半島地震後、石川県の原子力防災体制はどうなったか

　北陸電力は 1999 年 6 月 18 日の深夜、志賀原発 1 号機で臨界事故を発生させました（第 2 章第 2 節 (2) (3) 参照）。ところが北電は、これを 8 年間にわたって隠蔽しました。隠蔽は発電所トップが指示し、その後に本社幹部と発電所などが行ったテレビ会議でもこれを容認しました。

　日本の電力会社がこのように事故や情報隠しをすることは、枚挙にいとまがありません。2002 年 8 月には、東京電力が福島第一・同第二・柏崎刈羽の各原発で原子炉容器にかかわる機器の検査結果や修理結果などの記載をごまかし、ひび割れなどのトラブルを隠していたことが発覚しました。東電は福島第一原発事故後、事故を起こした当事者であるにもかかわらず、原子力損害賠償紛争解決センター（ADR）による損害賠償で裁判所の和解を拒否しました。いったい自らの責任をどう考えているのか、と思われても仕方ないでしょう。こんなことを続けている電力会社が信頼されていないのは、当然のことといえるでしょう。

　電力会社は自分がやってきたことを深く反省して、スイスの電力会社のように「事故隠しすることはあり得ない」という信頼を住民から得られるようにしなければなりません。そうしなければ、原子力防災体制は実効性のあるものになりません。

② 道府県・市町村が実効性のある原子力防災計画を持ち、住民がその内　容を熟知して、さまざまなケースを想定した訓練がくりかえし行われ　ているのか否か

　原発の周辺などに住んでいる住民が、原発事故が起こった時に命を守るために最も合理的と考えられる行動を判断・選択するのは、なかなか容易なことではありません。なぜかというと、合意的な判断・選択をするためには、放射線や避難などに関するリスクなどの基礎的な知識が必要ですが、そのようなことを学ぶ機会が今の日本ではほとんどないからです。さらに原発事故に対応するための実効性のある実地訓練も、行われていないからです。日頃やっていないことが、実際に原発事故が起こった時にやれるはずがありません。

石川県では志賀原発30km圏内に約15万人が住んでいます。ところが毎年の原子力防災訓練に参加している住民は、そのうち0.2%（約300人）〜0.7%（約1000人）にすぎません。これでは実効性が担保されているとは到底いえません。訓練への住民参加を大幅に増やす必要があります。

　実地訓練は毎年行われていますが、日曜日か休日の朝早くに始まって昼過ぎには終わるという、代り映えのしないシナリオが延々と続けられてきました。訓練の実施は11月がほとんどですが、実際の事故はそんなに都合よく起こるものではありません。深夜に発生したり、地震・豪雨・大雪といった自然災害と同時に起こったり、ということもあるでしょう。平日に原発事故が起こったら、日曜日や休日とは違って職場や学校に行っている人が多いので、自家用車で避難できるのか、学校での子どもの保護者への引きわたしをどうするのかなど、状況はまったく違ってきます。

　同じようなシナリオで訓練を続けるのではなく、平日や夜間、観光客の入り込みが多い夏に行うなど、さまざまなケースを想定した原子力防災訓練を行う必要があります。そしてそれを通じて、大多数の住民が事故の際にどう行動すればいいかを熟知できるようにならなければ、実効性のある原子力防災体制になりません。

③ 放射性物質の放出量・気象状況・災害や感染症などの状況をふまえて、リスクをできるだけ小さくするためにどう行動すればいいか、住民が的確に判断するための準備ができているのか否か

　原発事故が起こったら、状況にかかわらずただちに避難するというのは、合理的な判断ではありません。原発事故が起こったら、放射線被曝による被害のリスクと当時に、放射線被曝を避けることによる被害のリスクがあるからです。さらに地震などの災害や新型コロナウイルスなどの感染症流行時には、それらのリスクも加わってきます。

　そういった状況において命を守るためには、一つひとつのリスクを比較考量してリスクがもっとも小さくなる行動を選択する必要があります。そのような合理的な選択が可能になるためには、さまざまなリスクを評価す

第4章　能登半島地震後、石川県の原子力防災体制はどうなったか

るための科学的な知識が必要になります。また知識を持っているだけでは不十分で、さまざまな状況の中でそれを適切に応用できる能力も欠かせません。

こうしたことが可能になるためには、国や原発立地道県・隣接府県、自治体などが責任をもって、学習用の教材を作成して配布したり、学習会をくり返し開催したりすることが必要です。また、このような活動を支えるために、第1種放射線取扱主任者の国家資格を持った人を養成すること、放射性物質を使って研究している大学の研究室の助言を得ることなども大事だと考えます。

(3) 実効性のある原子力防災対策を求めるのは「原発の容認」なのか

筆者は原子力防災計画の研究を30年以上続けてきたのですが、「そのようなことをするのは、原発を容認しているからではないのか。原発に反対するのなら、原子力防災計画を作ること自体に反対すべきだ」といわれたことが何度かありました。この章の最後に、このことについて考えてみます。

ところで日本の商業用原発の炉型はすべて、シビアアクシデントを起こした福島第一原発1～3号機と同じ軽水炉です。軽水炉には、「熱の制御がきわめてむずかしく、いったんそれに失敗すれば、いとも簡単にシビアアクシデントを起こす」という致命的な欠陥があります。福島第一原発事故後にいくつかの対策が行われていますが、この欠陥が取り除かれたわけではありません。[15]このような原発を動かせば、福島第一原発事故のようなシビアアクシデントが起きる可能性があるわけです。

福島第一原発事故が明らかにしたことは、原発でシビアアクシデントが起こったら地域が崩壊してしまうということです。そしてこの事故は、そのような原発を引き続き日本の電力供給の主軸にしていくのか、あるいは福島のような事故を二度と起こさないために原発から撤退していくのか、その場合は生活や産業を支える電力をどうするのか、ということを国民に問うているとも思います。この問いへの筆者の考えは、致命的な欠陥を抱

える原発から撤退すべきである、ということです(生活や産業を支える電力をどうするのかについては、岩井 孝・歌川 学・児玉一八・舘野 淳・野口邦和・和田 武共著『気候変動対策と原発・再エネ－CO_2削減と電力安定供給をどう両立させるか？』あけび書房（2022）で論じています。関心のある方はぜひお読みください）。

とはいえ残念ながら日本の現在の状況を見ると、軽水炉原発の運転はしばらく続いていくだろうとも思います。そういった状況において、「原発に反対するのなら、原子力防災計画を作ること自体に反対すべきだ」と主張するということは、「原発でシビアアクシデントが起こっても、周辺の住民は丸腰で耐えるべきだ」というに等しいのではないでしょうか。私はそのような立場には身を置いていません。

原子力発電所が近くにある、あるいはさほど遠くないところで暮らしていれば、「原発で重大な事故が起こってしまった際にどのようにして命を守るか」という問題に無関心でいることはできないと思います。それだけではなく、「生活や産業を支えるエネルギーや電力を供給するために、原子力発電は引き続き必要だ」という選択をするのならば、原子力防災は全ての国民にとっても無関心でいることができない問題のはずです。

〈参考文献と注〉

1) 野口邦和、元ロシア連邦保安庁中佐のポロニウム「毒殺」事件のミステリー、人間と環境、第33巻、第1号、39-45頁（2007）.
2) 石川県原子力防災訓練では、放射性物質による汚染があった住民は、ウェットティッシュで拭い取ることによって除染しています。避難退域時検査除染訓練を視察した筆者は、その会場で訓練前の要員に対する説明を聞いていました（2016年11月20日）。説明者（石川県職員）は、右の手のひらが汚染していた場合、住民は左手で容器からウェットティッシュを取り出して、汚染箇所の周囲から体の中心に向かって一方向に、1枚のウェットティッシュで1回だけ拭い取りを行うと説明しました。それに対して要員の一人から、「両手が汚染した人が来たら、どう対応すればいいのか」という質問が出たのですが、それに対する説明者の回答は「そういう人は来ない想定だ」でした。ちなみにこの

第4章　能登半島地震後、石川県の原子力防災体制はどうなったか

　　説明員は、「国のマニュアル通りに行えば、誰でもできる」と答えたのと同じ
　　人です。
3) 原子力規制庁、原子力災害時における避難退避時検査及び簡易除染マニュア
　　ル（2015,2017）．
4) 白川芳幸、サーベイメータの適切な使用のための応答実験、Isotope news、
　　第635巻、19-24頁（2007）．
5) 時定数が長いと、測定器の指針はゆっくり動いて、最終目盛に到達する時間
　　が長くなります。
6) Bqは放射能の強さの単位で、放射性物質が1秒あたりに崩壊する数を表しま
　　す。ですから放射性物質の測定では、測定しているところにどれくらいの放射
　　性物質があるかを示します。また、Bq/cm^2は単位面積（1 cm^2）にどれくら
　　いの放射性物質があるかを示します。
7) 内閣府、原子力災害時における防災業務関係者のための防護装備及び放射線
　　測定器の使用方法について（2017）．
8) 広島大学災害医療総合支援センターの職員によるGMサーベイメータの使用
　　法の説明は、「できるだけ近く、それからゆっくり、これが大事です。国のマニュ
　　アルは（プローブを動かす速度を）1秒間で10cmと書いてあるのですが、こ
　　れでは（除染の基準となっている）4万cpmを拾うことはなかなかできません。
　　1秒間に5cm以下、ゆっくりゆっくり動かすことを心に刻んでください。サー
　　ベイメータの持ち方ですが、プローブを持つ手は先端から少し指がでるくらい
　　に持って、測定する前に『ちょっと指が当たるかもしれませんが』と伝えてく
　　ださい。もし指が汚染しても、手袋を替えれば大丈夫です。体幹部（胴体）を
　　測定する場合は、真ん中（中心線）を上から下に向かって測定していきます。
　　もしまわりに放射性物質の濃度が高いところがあったら、測定器の針は確実に
　　動きます。そういうのを検知したら、横に移動して汚染箇所を同定するという
　　のが一つのやり方です。中心線の測定が終わったら、その左と右を中心線と平
　　行に上から下までプローブを動かせば、汚染があるかないかはだいたい分かり
　　ます。足の測定は、両足を少し広げてもらってから、片足ずつ中心線を上から
　　下へと測定し、指示値が高いところがあったら横にプローブを動かして、汚染
　　箇所を同定します。このようにすれば、効率的に汚染箇所を見つけることがで
　　きます。それから、両腕をあげてもらって、脇の下も測定します。人間の体は
　　三次元的にできていますから、こういうところも気をつける必要があります。
　　両腕についても中心線を測定して、高いところがあったらそこで腕を回転する

ように動かします。このように動かしていけば、見逃すことはそれほどないはずです。このようにして胴体の前と後ろの汚染検査をすれば、効率的だと思います」という内容でした。

9) 内閣府（原子力防災担当）、令和6年能登半島地震に係る志賀地域における被災状況調査（令和6年4月版）、2024年4月12日、https://www8.cao.go.jp/genshiryoku_bousai/kyougikai/pdf/05_shika_shiryou09_1.pdf、2024年7月10日閲覧．

10)「放射線モニタリング情報」というサイトには、全国の空間線量率の測定結果がリアルタイムで表示されています（http://radioactivity.nsr.go.jp/ja/）。その中で、固定型モニタリングポストと可搬型モニタリングポストは吸収線量率を測っていて単位はマイクログレイ毎時（μGy/時）です。一方、リアルタイム線量測定システムは周辺線量当量率を測っていて、単位はマイクロシーベルト毎時（μSv/時）です。モニタリングポストの測定値も1Gy = 1Svと換算されて、μSv/時で表示されています。

11) 石川県、能登半島地震による環境放射線観測局への影響、石川県原子力環境安全管理協議会 資料No.2、2024年3月27日、https://atom.pref.ishikawa.lg.jp/resource/genan/ankan/kpdf/haihu20240327_2.pdf、2024年8月6日閲覧．

12) 佐藤康雄、放射能拡散予測システムSPEEDI、東洋書店（2013）．

13) 原子力規制委員会、緊急時迅速放射能影響予測システム（SPEEDI）の運用について（2014）．

14) 舘野　淳、新規制基準と原発再稼働、日本科学者会議第36回原子力発電問題全国シンポジウム予稿集、2015年8月29～30日．

15) 舘野　淳、シビアアクシデントの脅威－科学的脱原発のすすめ、東洋書店（2012）．

第5章

能登半島地震を
ふまえて
志賀原発を
どうすればいいのか

第1章から第4章では、2024年1月1日に発生した能登半島地震はどんな地震で被害はどうだったのか、志賀原発はどのような被災をしたのか、原子力防災体制は役に立ったのか否かなどを、能登半島と原発をめぐる歴史もふまえながら記述しました。

　第5章では、これらをふまえて志賀原発を今後、どうすればいいのかを考えます。「志賀原発をどうするか」というテーマにしていますが、この章で論ずることは恐らく、日本の他の原発にも当てはまることが少なくないだろうと思います。

第1節　地域格差と原発の問題を考える

（1）原発が建っている場所と電力を消費する地域

　「志賀原発をどうするか」を考えていくために、原発が建っている地域と日本の電力供給をめぐる関係などについて、かいつまんで述べます。なぜこのことを紹介するかというと、のちほど補章第1節（3）で清水修二の「地域格差の存在は原子力施設の社会的必要条件なのである」という記述を紹介しますが、原発立地地域と電力消費地の間の格差が原発をめぐる問題の根底に必ず存在しているからです。

　日本には、北海道・東北・東京・北陸・中部・関西・中国・四国・九州・沖縄の10電力会社があり、電力自

図5-1　電力各社の電力供給エリア

第5章　能登半島地震をふまえて志賀原発をどうすればいいのか

由化前は図 5-1 に示すエリアで独占的に電力を供給していました。1995 年から始まった電力自由化が進んでいく中でも、発電所から送電線・変電所・配電線を経由して電力消費者（需要家）まで電力を安定供給するという 10 電力会社の基本的な役割は、なんら変わっていません。

　ところでこの図をよく見ると、日本最大の電力会社である東京電力の電力供給エリアには、東電の原発が 1 つもないことが分かります。東電は福島第一（福島県）、福島第二（同）、柏崎刈羽（新潟県）の各原発を所有していますが、これらはいずれも東電ではなく東北電力の電力供給エリア内にあります。すなわち福島第一原発事故は、首都圏などの東電のエリアに電力を供給する発電所が福島県にあって、電力供給の恩恵は（直接的には）何も受けていない福島県民が、シビアアクシデントの発生によって甚大な被害を被ってしまったものなのです。

　能登半島に話を移しますと、2003 年に計画が「白紙撤回」になった珠洲原発は、もともと北陸に電力を供給するためはなくて、関西および中部電力の電力供給エリアにある大規模な工場に電力を供給することが建設の目的でした。志賀原発も、特に 2 号機はこれと同様に、関西や中部地方の太平洋側に電力を供給するための発電所です。

　図 5-2 は 1989 年から 2003 年までの、北陸地域の発電容量構成（左）と発電電力量構成（右）を表します。なお、志賀原発 1 号機（電気出力 54.0 万 kW）は 1992 年 11 月 2 日に試運転を、1993 年 7 月 30 日に営業運転を開始しました。

　図 5-2 の左右を見比べると、原子力発電と石炭火力発電に比べて、水力発電と石油等の火力発電の稼働率が低いことが分かります。注目していただきたいのが「連系受電」で、これがプラスだとこの年の合計で北電が他の電力会社から電力を受け取っていること、マイナスだと他の電力会社に余剰電力を送り出していることを示します。

　北電は 1990 年と 1991 年には、降水が少なく水力発電の出力が低下する期間に関西以西から給電を受けていました（連系受電がプラス）。ところが志賀原発 1 号機が 1992 年 11 月に試運転、1993 年 7 月に営業運転を開始し、さらに大田火力発電所 1 号機（石炭、50 万 kW、石川県七尾市）が 1995 年

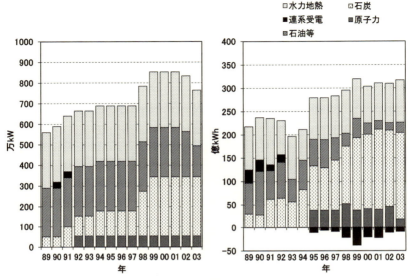

図5-2 北陸地域の発電容量構成(左)と発電電力量構成(右)
出典：戒能一成、日本の地域間連系送電網の経済的分析 (2005)

3月に営業運転を開始すると、1994年からは余剰電力を関西・中部電力へ送電するようになり（連系受電がマイナス）、石油火力発電の稼働率も低下させています。その後も北電は、連系受電の収支がマイナスで、大田火力2号機（石炭、70万kW）が1998年7月に営業運転を開始した後は、域外に余剰電力を送る量がさらに増えたことが分かります。[2]

図5-3は、志賀原発2号機（電気出力135.8万kW）が営業運転を開始した2006年（営業運転は同年3月15日に開始）から2021年までの北陸電力の発電電力量の構成です。[3]ちなみに志賀原発2号機は、営業運転開始から4か月もたっていない2006年7月5日に原子炉を停止し、2008年3月25日まで止まっていました。志賀原発2号機と炉型（改良型沸騰水型軽水炉、ABWR）が同じ中部電力・浜岡原発5号機で2006年6月23日、低圧タービンの羽根1本が折損・脱落して別の複数の羽根も損傷しているのが発見されたため、同じ形式の蒸気タービンを使っている志賀原発2号機を点検したところ、同様の損傷が見つかったからです。

第5章　能登半島地震をふまえて志賀原発をどうすればいいのか

　志賀原発1号機も2007年3月15日、8年前の1999年6月に臨界事故が発生していたのにこれを北電が隠蔽(いんぺい)していたことが発覚し、原子力安全・保安院（当時）が同機の運転停止を命じました。その後、志賀原発1号機は2009年3月29日まで運転を停止しました。
　したがって図5-3で2007年度はほぼ一年中、志賀原発1、2号機ともに停止していたことになります。

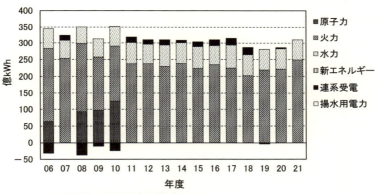

図5-3　北陸電力の発電電力量構成
出典：北陸電力、FACT BOOK 2013、2019、2022から作成

　志賀原発が稼働していた2006年度と2008〜2010年度は余剰電力を関西電力と中部電力へ送電（連系受電がマイナス）していました。福島第一原発事故後は、志賀原発は1、2号機ともに停止したままであり、原子力発電の発電電力量が減った分は、主に火力発電の発電量を増やして（焚き増し）補っています。

（２）原子力発電は何に電力を供給するためのものか

　そもそも原子力発電は何のためにあるのかというと、主に太平洋側に立地する大規模工場に大容量の電力を高密度で発電して供給するためです。大企業が所有するこのような工場の電力契約数は、全体の約0.01％を占めるにすぎませんが、その消費電力は発電電力量の約30％に達します。こ

表5-1 電力9社と東京電力の発電施設・発電量と設備利用率（2006年）

		発電施設と発電量 (合計比 %)				設備利用率 (%)	
		電力9社		東京電力		電力9社	東京電力
水 力	発電施設（万kW）	3488.7	(17.4)	898.6	(14.0)		
	発 電 量（億kWh）	659.7	(8.1)	128.8	(4.8)	22.0	16.3
火 力	発電施設（万kW）	11955.7	(59.7)	3768.3	(58.9)		
	発 電 量（億kWh）	4585.5	(56.3)	1455.7	(53.7)	44.4	44.1
原子力	発電施設（万kW）	4531.8	(22.6)	1730.8	(27.0)		
	発 電 量（億kWh）	2871.2	(35.3)	1125.4	(41.1)	70.0	74.2
その他	発電施設（万kW）	48.8	(0.3)	0.4	(0.1)		
	発 電 量（億kWh）	27.8	(0.3)	0.1	(0.1)	64.9	―
合 計	発電施設（万kW）	20025.2	(100)	6398.1	(100)	―	―
	発 電 量（億kWh）	8144.2	(100)	2710.1	(100)	―	―

出典：本島勲、福島原発大事故・災害の元凶を問う－6つの提言、日本科学者会議
「第33回原子力発電問題全国シンポジウム」予稿集(2011)

れは福島第一原発事故が起こる前には、原子力発電による発電電力量とほぼ等しいものでした。ちなみに、契約数で90％以上を占める電灯など一般家庭用の消費電力も、同じく約30％を占めています[4]。

表5-1は福島第一原発事故が起こる前（2006年）の、東京電力とそれ以外の電力9社の発電施設・発電量と設備利用率を示します[4]。

電力9社の発電施設は火力が60％、原子力が23％で、その発電量はそれぞれ56％、35％でした。そして設備利用率は、火力が44％だったのに対して、原子力は70％に達していました。このことから、福島第一原発事故が起こる前は火力発電の大半を休止させて、原子力を重点的に運用していたことが分かります。ちなみに火力を原子力並みの施設利用率70％で稼働させると、原子力の利用率を0％（＝すべて停止）にしても発電量は9090万kWとなり、電力9社の2006年の合計発電量（8144万kW）を上回ります[4]。福島第一原発事故後に原発がすべて停止した時期は、このような状態に当たります。

日本海沿岸の石川県・能登半島や福井県・若狭地方に立地する原発で作られた電力は、延々とのびている高圧電線を通って太平洋側の工業地帯に送られ、そこに立地する大規模工場で消費されてきました。そして、大規模工場に大容量の電力を高密度で発電して供給する役割を担わされた地域には、次に述べるような深刻な問題が押し付けられました。

（3）「道路がほしければ原発を」

　筆者は"原発銀座"といわれた若狭湾沿いの原発群（敦賀、美浜、大飯、高浜、「もんじゅ」、「ふげん」の各原発）がある福井県で生まれ、18歳まで暮らしていました。そのため小さい頃から、原発を意識せざるを得ない環境にいました。のちほど補章で能登半島と原発をめぐる歴史についてくわしく書きますが、同じようなことは福井県にもあり、原発が能登半島よりはるかに多く運転された年数も長いため、より深刻な問題が起こりました。ここではその中で、2つのことをご紹介します。

　1つめは「道路がほしければ原発を」という、原発建設がもちあがった各地でしばしば聞かれたことです。

　敦賀原発がある敦賀市浦底地区には、原発が建設される前は生活道路が通っていませんでした。美浜原発がある美浜町丹生および竹波地区も「陸の孤島」といわれて、集落を通る道は軽自動車がやっと通れるくらいの幅しかなく、冬期はまったく孤立するような状態でした。高速増殖炉「もんじゅ」のある敦賀市白木地区には道路が通っていなかったため、冬の大荒れの海で花嫁と妹、親類を乗せた船が沈んで、5人が亡くなる事故が起こりました。大飯原発のあるおおい町大島地区の住民は、「われわれは先祖伝来の悲願である道路ほしさに原発にとびついた。道路さえあれば、原発はきてほしくなかった」と語りました。

　「陸の孤島」であった美浜町丹生・竹波の住民は、自動車道路を作ってほしいと自治体に求め続けましたが、拡張も舗装もされないままでした。ところが美浜原発の誘致を機に、原発建設用の資材を輸送するために瞬く間に道が舗装・整備されました。福井県は、国体開催のために皇太子（当時）が来県することも利用したとされています。敦賀市浦底でも、原発建設に伴って道路が作られました。敦賀原発では国体に際して、天皇（当時）に発電開始のスイッチを入れてもらう計画があり、これも道路整備の理由に使われました。

　一方、道路があったので原発が建てられなかった、という地域もありま

す。「海のある京都」とよばれる福井県小浜市では、1972年と1976年に原発の誘致計画が明らかになりました。若狭地方の半島部には、漁村などから悪路で山越えしないと行けないところがたくさんあり、原発の建設計画地もその1つでした。ところが小浜では、「道路がほしければ原発を」は通用しなかったのです。

　半島部から小浜のまちに出るためには、峠越えの悪路を通るしかないことに心を痛めた禅宗の僧が、1955〜1965年に小浜のまちで托鉢を続けました。そして、集まったお布施を市長に届けて、「トンネルを作るために、自前の努力はした。こんどは行政がトンネルを掘ってほしい」と求めたのでした。これが実を結んで、1965年にトンネルは開通しました。このことによって、「道路がほしければ原発を」という口実は使えなくなりました。小浜ではその後も何度か原発誘致の話が持ち上がり、そこでも道路建設が口実にされました。これに対して小浜市民は、狭い悪路を県道に昇格させる運動をねばり強く進めました。これが成功して、道幅は広くなって舗装もされました。そして原発誘致の「意味」は薄れていき、小浜には今に至るまで原発は作られていません。[7,8]

（4）原発が来ると産業が"いびつ"になってしまう

　2つめは、同じ県内にあっても原発がある地域とない地域では、産業や雇用をめぐる状況が大きく違ってしまうという問題です。福井県で長年にわたって中学や高校の教諭を務めた坪田嘉奈弥が調査した結果から、このことについて考えてみます。[9]

　福井県敦賀市には、原発敷地内を活断層（浦底断層）が通っていることで知られる敦賀原発1号機（沸騰水型軽水炉、電気出力35.7万kW、1970年3月14日営業運転開始、2015年4月27日廃炉）、同2号機（加圧水型軽水炉、電気出力116.0万kW、1987年2月17日営業運転開始）および同じ敷地内の新型転換炉「ふげん」（電気出力16.5万kW、1978年3月20日起動、2003年3月29日運転終了）、白木地区の高速増殖炉「もんじゅ」（電気出力28.0万kW、1994年4月5日初臨界、2016年12月21日廃炉決定）の計4基の原発が

第5章　能登半島地震をふまえて志賀原発をどうすればいいのか

表5-2　敦賀市の産業別就業者数の変化

	総人口	就業者数	漁業水産業	農林牧畜業	建設業	製造業	電気・ガス・水道業	サービス業	卸小売飲食業
1965年（①）	5万4千人	2万7千人	292人	5802人	2370人	7350人	93人	3259人	4303人
2005年（②）	6万8千人	3万6千人	127人	742人	5104人	4699人	1017人	9419人	7623人
②／①	1.26	1.33	0.43	0.12	2.15	0.63	10.93	2.89	1.77

出典：坪田嘉奈弥、原子力発電所と雇用問題、
　　　日本科学者会議「第33回原子力発電問題全国シンポジウム」予稿集(2012)

表5-3　敦賀市・鯖江市・武生市の産業別就業数の比較（2000年）

	総人口	就業者数	農林業	建設業	製造業	電気・ガス・水道業	サービス業	卸小売飲食業
敦賀市	5万4千人	3万5千人	692人 1.9%	5924人 16.9%	5352人 15.3%	1259人 3.6%	9687人 27.8%	3682人 10.5%
鯖江市	6万5千人	3万5千人	603人 1.7%	3011人 8.5%	14692人 41.8%	124人 0.4%	7206人 20.5%	2432人 6.9%
武生市（当時）	7万3千人	4万人	1198人 3.0%	3787人 9.5%	15644人 39.2%	179人 0.4%	7464人 19.9%	2807人 7.0%

出典：坪田嘉奈弥、原子力発電所と雇用問題、
　　　日本科学者会議「第33回原子力発電問題全国シンポジウム」予稿集(2012)

表5-4　敦賀市・鯖江市・武生市の製造品出荷額の推移

		敦賀市	鯖江市	武生市
1968年	出荷額	458億円	239億円	323億円
	従業員数	7800人	12200人	14890人
1999年	出荷額	1332億円	2187億円	3943億円
	従業員数	5043人	14600人	14790人
増加率	出荷額	2.9倍	9.1倍	12.2倍
	従業員数	0.64倍	1.20倍	1.35倍
総人口（1999年）		68143人	64696人	73794人

出典：坪田嘉奈弥、原子力発電所と雇用問題、日本科学者会議
　　　「第33回原子力発電問題全国シンポジウム」予稿集(2012)

あります。

　表5-2は、敦賀原発1号機の建設工事が始まる前（1965年）と、原発4基すべてが運転している年（2005年）で、敦賀市の産業別就業者数を比較したものです。次に表5-3は敦賀市と、同じく福井県にあって人口が同市と近い鯖江市、武生市（当時、現在は越前市）の2000年の産業別就業者数を比較しています。さらに表5-4は、製造品出荷額を3市で比較したものです。

　これらの比較から、坪田は以下のように指摘しています[9]。

(a) **敦賀市で原発建設後、農業などの一次産業が大幅に落ち込んだ**

　敦賀市では2005年に、1965年に比べて漁業水産業が0.43倍、農林畜産業は0.12倍に減りました。一次産業が落ち込んできているのは全国的な傾向ですが、敦賀市は落ち込みが顕著です。敦賀市を含む若狭地方は耕地面積が少なく零細農家が多いため（敦賀市では耕地1ヘクタール以下が74％）、安定した収入を求めて原発の下請け企業や建設業に大量に移ったと推測されます。

(b) **敦賀市では建設業が異常に膨張している**

　敦賀市では2005年に、1965年に比べて建設業が2.15倍に増えました。2000年の全就業者数に対する建設業の比率は、敦賀市は鯖江市や武生市の2倍近くになっています。原発建設時に建設業が一気に増え、建設後も原発マネーによる公共工事が続いていましたが、原発関連と公共工事の仕事が減ってくると倒産が増えました（原発の下請けに対っている電気工事業や、水道設備業も建設業に分類）。

(c) **製造業は原発建設後に激減した**

　敦賀市は原発の運転開始前（1968年）、製造業が盛んで出荷額は鯖江市と武生市を大きく上回っていました。ところが30年後（1999年）には、鯖江市の半分、武生市の3分の1に落ち込んでしまいました。これは他市が工場誘致やものづくり産業の振興に努力したのに対して、敦賀市は原発に依存しきっていたためです。2006年に産業団地を造成して企業誘致を図ったものの、思うように進んでいません。

(d) **敦賀市はサービス業や飲食宿泊業が多い**

　原発の保守・点検はサービス業に分類され、電気・ガス・水道業の電気に属するのは電力会社の本社社員だけで、下請け労働者の保守要員はサービス業に属します。敦賀市のサービス業の比率は、鯖江市と武生市を大きく上回っています。原発の定期検査時は1基当たり2000人ほどが集まるので、民宿がとても多く、飲食店・飲み屋・娯楽場が異常に増えたことも敦賀市の特徴です。

第 5 章　能登半島地震をふまえて志賀原発をどうすればいいのか

　このように敦賀市では、原発の建設が始まってから半世紀で、産業構造が大きく変容しました。近隣の同規模の市と比較して、その構造が"いびつ"なものになっています。坪田はさらに、高校生の卒業後の進路に言及しています。[9]

　敦賀市には普通科と商業科の敦賀高校（県立）、工業科のみの敦賀工業高校（同）、普通科のみの敦賀気比高校（私立）があります。この中で女子が多い商業科から年に数人が原発企業に就職するくらいで、就職が多いのは工業高校からです。原発が増えていった 1980 年は、電気科が 70 人のうち 35 人、機械科が 70 人のうち 25 人が原発企業に就職していました。2010 年頃には定員が半減して進学者が増えて、各科で就職者は 30 人ほどになりましたが、2011 年度には電気科が 7 割、機械科は 6 割が原発関連企業に就職しました。これでも福島第一原発事故で、企業が求人を手控えていたとのことです。

　坪田はこうした状況について、「公立高校の学科で生徒の 6 割、7 割が原発へ就職するというのは異常である。他に産業が育たず、原発に依存しきった"つけ"がこのような形で表れている」と述べました。[9]

　原発が建っている地域では、このような状況がどこでも起こっているだろうと推測します。志賀原発が建っている能登でも、敦賀市とよく似た"ゆがみ"を目の当たりにします。原発について論ずる時には、こういったことを忘れてはいけないと考えます。

第 2 節　志賀原発をどうするか。それをどのように判断するのか

（1）北陸地方の電力供給のために志賀原発は必要なのか

　ここまでに述べたことをふまえて、志賀原発を今後どうすればいいのかを考える上でもっとも重要だと考えるのは、「志賀原発は必要なのか、そうでないのか」ということです。これは 40 年近く前に、ある人がいった

ことです。

　志賀原発1号機では1988年11月2日、原子炉建屋やタービン建屋などの本格工事が開始されました。これに対して、同年11月17日に新しい住民運動団体が結成され、12月には原発問題の講演会が相次いで開催されました。先ほどの言葉を聞いたのは、12月4日に「なぜ原子力発電か？」のテーマで行われた講演会でした。ここで中島篤之助さん（当時は中央大学教授、核化学）が、「志賀原発が必要なのか、それとも要らないのか、そのことを第一に考える必要があります。どうしても必要であれば、次に原発の持つ危険性をどう考え、これにいかに対応するのかという問題が出てきます。もし要らないのであれば、建設しないということです」と話しました。筆者はこの明快な論理に、「なるほど」とうなずきました。

　その後、志賀原発1号機と同2号機が建設されたわけですが、能登半島地震が発生して甚大な被害が生じたことをふまえて、「志賀原発が必要なのか、それとも要らないのか」をあらためて考えてみる必要があると考えます。

　志賀原発が必要なのか否かを何で判断すればいいかというと、それは電力供給のためにどうしても必要なのか否かでしょう。

　本章第1節に書きましたように、志賀原発は何のためにあるのかというと、太平洋側に立地する大規模工場に大容量の電力を高密度で発電して供給するためです。このことは志賀原発2号機を建設した目的からも明らかであり、こうした原発が北陸地方にどうしても必要なのかといえば、「そうではない」ということです。そもそも大都市に立地する大規模工場に電力を供給するために原発が置かれた地域が、重大事故のリスクと産業構造の"ゆがみ"などのデメリットを引き受けなければならないという構図から、能登半島地震を契機に脱却しなければならないと考えます。

　「地域振興のために必要だ」という議論もよく耳にしますが、これを考えるために、新潟日報が東京電力・柏崎刈羽原発が地元経済に与えた影響を調査した結果をご紹介します[10]（図5-4）。同紙が2015年12月に柏崎市と刈羽村の100社から聞き取りしたところ、柏崎刈羽原発が全7基とも停止中であったにもかかわらず、3分の2の企業がこれに伴う売り上げの減少

第5章　能登半島地震をふまえて志賀原発をどうすればいいのか

が「ない」と回答し、経営面への影響を否定しました（左）。同原発1号機の営業運転開始から2015年で30年になりましたが、原発関連の仕事を定期的に受注したことがあると回答した企業は1割余りにとどまっており、30年間で会社の業績や規模が「縮小した」

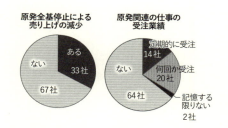

**図5-4　柏崎刈羽原発の運転停止の影響
地元100社の調査結果**
出典：新潟日報2015年12月14日

との回答は4割を超え、原発の存在が地元企業の成長につながっていない事態も明らかになりました（右）。新潟日報はこの結果をふまえて、「『長期停止で地域経済が疲弊している』という説は、具体的な根拠に基づかない"神話"だった」と書きました。[10]

　地域振興は、志賀原発が必要なのか否かを判断する主要な基準にはなりませんが、これで判断しても「必要なもの」とは到底いえないでしょう。

（2）能登が地震の深刻な被害から復興していくうえで原発は障害になる

　今から70年前に出版された『能登―1954』には、「なぜ能登に注目するか」と題して以下の文章が載っています。[11]

　古くから都に近かった能登半島には、日本の古代や中世の文化が数多く埋もれている。しかも、奥能登には、昔から戦争が殆（ほとん）どなかった。日本歴史の縦の断面を横に並べ直したような観があるとさえいわれるのである。そして、その歴史は、過去の、死に絶えたものではなく、ひとびとの生活の中に現に生きているということが重要な点である。古い信仰や習俗が、生活の一部として保存されている能登のような土地は、日本にもそう多くはない。能登を日本歴史の宝庫だというのは、このような意味である。

　高度成長期とその後の時代を経た能登は、ここに書かれている通りでは

ありませんが、地域に住む人たちによって「日本歴史の宝庫」は守られ続けました。一方で原発は、半島などで土地を見つけて電気をつくれば、あとは大工業地帯の消費地にそれを送るだけであって、立地地域の事情など知ったことではありません。立地地域との結びつきがこれほど希薄な産業はない、といって差し支えないでしょう。

能登半島で人の営みによって維持されてきた自然景観と農林水産業は、「能登の里山里海」として2011年6月、国連食糧農業機関（FAO）によって「世界農業遺産」に登録されました(図5-5)。

図5-5　能登半島地震前の千枚田(左)と揚げ浜塩田(右)　筆者撮影

FAOは「世界農業遺産」認定にあたって、①稲のはざ干し（天日干し）や海女漁などの伝統的な農林漁法、②希少種をふくむ多様な生物が能登各地に棲息、③棚田や間垣、茅葺きや白壁・黒瓦の家並みなどの景観、④揚げ浜式の製塩や輪島塗などの伝統技術の継承、⑤キリコ祭りや「あえのこと」などの農林水産業と結びついた文化・祭礼、などを重視しました。これらはいずれも、能登が地震の深刻な被害から復興していくうえでも重要になるものです。

ところがこうした能登の特徴は、原発とはまったく相性がよくありません。そのことは福島第一原発事故によって、福島県の農林水産業が深刻な被害を受け、地域が崩壊の危機に瀕して多くの文化や祭りが失われたことなどを見れば直ちに分かります。

能登はこれから、数千年に一度といわれる地震による深刻な被害から復興していくために、長くて困難な道を歩んでいかなくてはなりません。志

第5章　能登半島地震をふまえて志賀原発をどうすればいいのか

賀原発はそのような道を進んでいくうえで、邪魔なものにしかならないと考えます。

（3）能登半島地震の被害に対応できる原子力防災計画の作成は不可能

　筆者は第4章第3節で、「能登半島地震をふまえた原子力防災体制を作ることができるか」を問いました。
　能登半島地震の被害をもう一度おさらいしておくと、この地震によって奥能登をはじめ能登半島全域で、甚大な道路被害が発生しました。石川県原子力防災計画は、志賀原発で重大な事故が起こった時は多くの住民が自動車でいっせいに避難するとしていますが、これが不可能であることが能登半島地震によって実証されました。
　福島第一原発事故で明らかになったように、放射線被曝のリスクを避けるために避難することにもリスクがありますから、命を守る可能性がもっとも高い行動をとるために身の回りの放射線量（空間線量率）を知る必要があります。ところが能登半島地震では、固定型モニタリングポストの多くでデータ送信ができなくなり、道路が不通になって可搬型モニタリングポスト（モニタリングカー）による測定もできなくなりました。これでは、住民は命を守るためにどう行動すればいいのか判断できません。
　原発でシビアアクシデントが起こってからあまり時間が経っていない時点では、放射性貴ガスによって空間線量率が急に高くなるのを、建物にこもって遮蔽を十分に行ってやり過ごす必要があります。ところが能登半島地震では、多くの建物が全壊になるなど深刻な被害が発生し、このようなことができなくなりました。放射線防護の対策を行っていた屋内退避施設も、使用できなくなるなどの深刻な被害を受けました。
　能登半島地震が起こった直後、奥能登などの市町の職員は自分の周りが被災して甚大な被害を受けていましたから、そこで直ちに対応を始めました。このことは当然のことですが、原発事故の対応と同時に地震災害への対応も行うのは、不可能であることが実証されました。
　こうした状況をふまえて、実効性のある原子力防災計画を白紙の状態か

ら作り直すのはきわめて困難ですが、石川県の姿勢はこれまでのように"国からの指示待ち"であって、能登半島地震をふまえた実効性のある計画を作れるとは思えません。

　筆者は、原発をめぐる問題から能登半島地震を見た時、もっとも重要な知見は「原子力防災体制がまったく役に立たなかったし、この地震被害をふまえて実効性のある体制に作り直していくことは、不可能といって差し支えない」ということです。このことから判断すれば、志賀原発は今後、運転を再開すべきでないと考えます。

〈参考文献〉

1) 清水修二、電源三法は廃止すべきである、世界、2011年7月号.
2) 戒能一成、日本の地域間連系送電網の経済的分析（2005）、https://www.rieti.go.jp/jp/publications/dp/05j033.pdf、2024年8月8日閲覧.
3) 北陸電力、FACT BOOK 2013、2019、2022.
4) 本島　勲、福島原発大事故・災害の元凶を問う－6つの提言、日本科学者会議「第33回原子力発電問題全国シンポジウム」予稿集（2011）.
5) 芝田英昭、原子力発電所立地と自治体、日本科学者会議福井支部編「地域を考える」（1990）.
6) 中日新聞福井支社、神の火はいま－原発先進地・福井の30年、中日新聞社（2001）.
7) 庄野義之、「原発」問題の糸をたぐる」、ゆきのした文化協会「福井・私たちの原発史60～95」（1996）.
8) 小浜市明通寺の中嶌哲演住職（原発設置反対小浜市民の会事務局長）からお聞きしました。
9) 坪田嘉奈弥、原子力発電所と雇用問題、日本科学者会議「第33回原子力発電問題全国シンポジウム」予稿集（2012）.
10) 新潟日報、2015年12月14日.
11) 岩波書店編集部・岩波映画製作所、能登－1954、岩波写真文庫（1954）.
12) 石川県、「世界農業遺産 能登の里山里海」パンフレット.

補章

能登半島と
原発をめぐる
歴史をふり返る

日本では10月26日は「原子力の日」とされています。1963年のこの日、日本原子力研究所（現在は日本原子力研究開発機構）の動力試験炉（JPDR、アメリカから導入）で、日本初の原子力発電が行われました。その後、1966年7月25日に日本初の商業用原発である東海原発（黒鉛減速ガス冷却炉（GCR）、英国から導入）が営業運転を開始しました。
　原子力委員会が1961年に制定した「第2回原子力の研究・開発及び利用に関する長期計画」（原子力長計）は「実用規模の発電2号炉」を掲げ、東海原発に続く国内2基目の商業用原発の建設に踏み出しました。石川県の能登地域は1962年、その候補地にあげられました。当初、原子力発電所の名称は「能登原子力発電所」であり、現在の「志賀原子力発電所」に変更されたのは1988年12月1日のことです。
　この章では、能登半島地震の発生をふまえて、能登での原子力発電所建設の歴史などを振り返ります。

第1節　志賀原発はどのように建設されたのか

　第2回原子力長計をふまえた原発設置計画は、四国と中国地方で始まったものの頓挫しました。その後、北陸地方での原発設置が計画されて、1962年に自民・社会両党代議士が石川県内への誘致運動を始めました。原子力委員会の長期計画部会が1967年3月、3000～4000万キロワット（kW）の原発の建設を決定したことに関連して、通商産業省（当時）は全国で原発候補地の調査を行うこととし、石川県内浦町（当時、現在の能登町）での県費による調査も浮上しました。1967年7月には北陸電力（北電）が石川県内に原発を建設することを決めて、候補地として富来町（当時、現在は志賀町）・志賀町・穴水町・内浦町があげられました。
　そして北電は同年11月13日、志賀町赤住地区と富来町福浦地区にまたがる地域への原発立地計画を発表しました。計画によれば、1971年に建設工事に着工し、1974年から75年早々に50万kWの原発が運転開始される予定でした。ところが能登半島での原発建設は、北電の思い通りには

補章　能登半島と原発をめぐる歴史をふり返る

進みませんでした。

（１）時代遅れの「小さな出力」

図6-1は日本の商業用原発の営業運転開始年と電気出力を示す図ですが、ここから北電の思い通りに原発建設が進まなかったことが読み取れます。

1966年に営業運転を開始

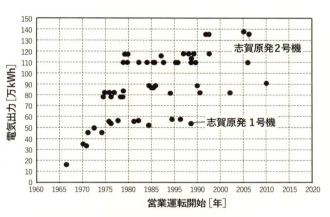

図6-1　日本の原発の営業運転開始年と電気出力

した東海原発は電気出力16.6万kWという小さなものでしたが、1972年には50万kW（美浜原発2号機、50.0万kW）、1976年には80万kWを超え（美浜原発3号機82.6万kW）、1978年には110万kW（東海第2原発110.0万kW）と、原発の出力はまるで拡大コピーでもするかのような勢いでどんどん大きくなっていきました。ところが志賀原発1号機の出力は54.0万kWで、営業運転の開始は1993年7月でした。この頃の原発の出力は100万kWを超えるものが標準的で、あと数年もすると130万kWを超える原発も運転を開始するようになります。

志賀原発1号機がこのように時代遅れともいえる小さい出力なのは、原発建設に反対する運動によってなかなか建設できなかったからです。そのため1970年代前半の標準的出力のまま、営業運転開始が1990年代にずれ込んでしまったわけです。

北電が原発建設計画を発表した1967年11月には、富来町で福浦反対同盟が発足し、1969年11月に富来町で能登原発反対県民集会、1970年2月には福浦反対同盟激励集会を相次いで開催しました。

183

一方北電は1967年11月、志賀町赤住と富来町福浦にまたがる235万平方メートル（m^2）の土地の買収計画を発表しました。志賀と富来の両町議会は誘致決議をあげ、石川県も積極的協力を打ち出しました。北電は1970年8月、赤住地区で170万m^2の土地を第1次買収しました。ところが反対運動が高まる中で同年10月、福浦での買収をあきらめて、北電は55万m^2の第2次買収を赤住に申し入れました。

（2）石川県が前面に出て次々と謀略を行った

　しかし、反対運動はいっそう広がっていきます。1971年2月には志賀町で、赤住愛する会と赤住船員会が相次いで発足しました。同年7月には赤住臨時総会が追加買収に対する白紙撤回要求決議をあげ、同年8月には志賀町で百浦(ももうら)反対同盟も発足しました。こうした中で北電は1971年8月、追加買収を24万m^2に縮小しました。思い通りに進まないことに業を煮やした北電を手助けした石川県は、さまざまな謀略的な手段に打って出ます。ここでは、その中から3つをご紹介します。[4]

① 自主的住民投票への介入（1972年5月）
　志賀町赤住の住民は1970年代当初、地区をあげて原発建設用地の追加買収に反対していました。その理由は、（ア）追加買収で地区の優良な田んぼを買収されると、食べる米（飯米）が不足する、（イ）故郷を離れて外国航路の商船や遠洋漁業船に乗っている働き手が多く、事故が不安で安心して働けない、（ウ）企業や行政は信用できない、というものでした。
　しかし追加買収面積が縮小されると、地区は有力者を中心とする賛成派と、有志の反対派に真っ二つに分かれました。1年以上をかけて地区で話し合いが行われましたが折り合いがつかず、決着は自主的な住民投票によってつけることになりました。地区の態度は、有権者の投票で「3分の2以上」で決めることとして、外国航路の商船員の権利を保障するために、投票期間は1か月間となりました。
　住民の意思を投票によって確認するという、全国でも先駆けとなる赤住

地区の住民投票は、1972年4月から5月にかけて実施されました。石川県は当初、投票の決定とその実施を見守っていました。ところが投票が終了するやいなや、県は態度を豹変させて自主的住民投票に介入して開票を中止させ、さらには破棄させたのでした。県は当初、賛成派が勝つと判断していたものの、船員の票が次々戻ってくる中でその見通しが崩れてきたからだといわれています。

② 土地改良区の「架空の換地総会」（1973年6月）
　石川県は赤住で、原発用地の第1次買収が終わったことへの見返りとして、田畑の土地改良をくり上げて実施しました。ところがここに、追加買収予定地が含まれてしまいました。
　土地改良では、散らばった土地を工事で集団化して、新しく土地を割り当てる作業を行います。これを「換地」といいますが、換地計画を決定するためには総会での議決が必要です。ところが赤住では総会を開催しなかったのに、さも議決されたかのように書かれた文書がでっち上げられたのでした。それが明るみになったのは1973年6月のことで、不可解な書類が志賀町農業委員会を通じて県に提出され、受理されていたことがきっかけとなって発覚しました。
　その書類には、1972年の赤住土地改良区の総会で、換地計画が「賛成多数で議決された」と書かれていました。ところがその中身を見ると、追加買収予定地から反対派の換地だけが排除されていたのです。こんなものは、誰が見てもおかしいと分かる代物でした。
　ところが県は、「不介入」という理屈をつけた介入を行って、反対派の土地を買収しなくても追加買収ができるようにしたのでした。架空の「換地総会」が発覚した土地改良組合では、理事長が辞任に追い込まれました。

③ 県が北電の代わりに環境影響調査（1984年）
　北電が原発を建設するためには、環境影響調査を行って報告書を通商産業省（当時）に提出しなければなりません。この調査には海洋での調査も含まれていましたが、関係する漁協が反対していたため北電は実施できま

せんでした。そこで北電が多額の金で漁協の買収を仕かけた結果、8漁協のうち5漁協が海洋調査の容認に転じました。ところが西海漁協（富来町）は、原発建設への反対を貫いていました。

ここでしゃしゃり出てきたのが石川県で、反対する漁港を屈服させるために、共同漁業権とまき網免許更新の許認可をタテにして圧力をかけてきたのです。漁業者の命ともいえる漁業権を人質にした、暴挙といわざるを得ません。そして西海漁協は1985年3月、海洋調査への同意に追い込まれました。

異常なやり方はこれに止まりませんでした。県は、沿岸漁業の振興対策だとか振興計画の基礎調査だという理屈を並べた「資源調査」を行い、実際は原発建設の当事者である北電が行うべき環境影響調査を、代わりに実施したのです。そして石川県は、調査結果を北電に転売しました。

石川県のように、行政がここまで前面に出て異常なやり方で権力を行使した例は、筆者の勉強不足かもしれませんが聞いたことがありません。

（3）志賀町に巨額の金をもたらした「打ち出の小槌」

原発の運転を開始すると、原発推進のための国の財政誘導策によって、原発立地自治体の収入は瞬く間に増加に転じます。ところが一定の期間をすぎると、こんどは収入が一転して急減してしまうため、財政水準を長期にわたって安定させることが困難になります。そうすると原発立地自治体は、水膨れ財政を維持するために次の原発を誘致しようとします。こうしたことが、原発が立地する日本の各地の自治体で繰り返されてきました。こうした悪循環に陥ったのは、志賀原発が立地する志賀町も例外ではありません。

志賀町の財政規模は、原発のない同規模の自治体よりも大きいのですが、それを支えているのが北電からの固定資産税収入です。固定資産税は原発の営業運転開始に伴って急増しますが、その後はだんだん減少していき10年ほどで元のレベルに戻ります。一方、原発立地自治体では流れ込んできた原発マネーで、身の丈にあわない豪華なハコモノが次々と建設さ

れていき、その維持管理費が次第に財政の重荷となっていきます。その頃には流れ込んでくる原発マネーは大きく減少し、「原発をもう1基」となるわけです。志賀原発でも、1号機が営業運転を開始した1993年から13年後、2006年に2号機が営業運転を開始しました。

固定資産税と並んで原発立地自治体に巨額の金をもたらすのが「電源三法」（発電用施設周辺地域整備法・電源開発促進税法・電源開発促進対策特別会計法の三法を合わせて、電源三法といいます）で、田中角栄内閣が1974年に原発を推進するために作ったシステムです。電源三法の仕組みは、次のようになっています。

最初に、電源開発促進税（電促税）という目的税を導入します。納税するのは電力会社です、電力会社はこれを電気料金に転嫁するので、実質的な税負担者は電力消費者（すなわち、この本を読んでいるあなた）です。電促税は特別会計で処理され、周辺地域整備法に基づいて電源立地促進対策交付金として、地元（立地市町村、隣接市町村および道府県）に給付されます。

電源三法はもともと、原発立地に伴う「迷惑料」の支払いが目的だったため、地域振興の手段という位置づけは脇に置かれていました。そのため交付金の使途は当初、道路や学校、スポーツ・文化施設といった公共施設の建設に限定されていました。なぜなら原発の運転が開始されると、先に述べた巨額の固定資産税が自治体には入ってくるからです。そのため、電源三法交付金はそれまでの"つなぎ"として、交付期間は運転開始までとなっていました。

ところが「地元要求に応える」という名目で、電源三法の姿はどんどん変わっていきます。まず「電源立地等初期対策交付金」が原発工事の開始前から、それどころか立地が決まる前の「立地可能性調査」の時点から、支払われるようになりました。「原子力発電施設等周辺地域交付金」は、工事着工時点から運転終了までずっと交付され続けます。「電力移出県等交付金」は、自県内での消費分を大幅に超える電力を県外に移出している場合に交付されます。「原子力発電施設等立地地域長期発展対策交付金」も運転が続く限り支給される補助金で、旧来の立地促進対策交付金の対象が新規立地点に限られていることに、すでに立地している自治体から不満

が出たことに応えたものです。

「電源三法交付金は使い勝手が悪い」という不満に応えて、交付金の使途の規制も次々と緩和されました。不必要に豪勢な公共施設を作って維持管理費がふくらんだり、利用率の低迷に悩んだりしていたのに、それへの対策に使えなかったからです。そこで政府は、さまざまな名目と計算方式で積み上げた交付金を統合して「電源立地地域対策交付金」とし、人件費と公債費に振り向けることはできないものの、かなり自由な裁量で使えるようにしたのです。

清水修二（福島大学名誉教授、財政学・地方財政論）は、「原発誘致の声は、農漁業の衰退によって将来に希望を持てなくなった地域から多く上がる。裏返して言うと、そういう地域が国内に存在しなければ原発は造れない。地域格差の存在は原子力施設の社会的必要条件なのである。逆説的な話に聞こえるだろうが、原発の誘致でその地域の経済が発展し都市化が進んでしまったら、困るのは電力会社だ」と指摘しています。

そこで次に、能登のかかえる地域格差の問題について検討することにします。

第2節　能登での地域の衰退は失政がもたらした

南北に細長い形をした石川県は、北部の「能登」と南部の「加賀」に、「加賀」はさらに金沢市とそれ以外の地域（狭義の「加賀」）に分けられます（図6-2①）。

今から100年以上前の1920年、能登の人口は石川県の半分近くを占めていて、能登は31.3万人（43.3％）、金沢市は20.7万人（28.6％）、加賀は20.3万人（28.1％）でした。ところが2022年には、能登が石川県の人口に占める割合は約2割に減っていて、金沢市と加賀はいずれも4割ほどを占めるようになりました（能登23.4万人（21.0％）、金沢市46.0万人（41.1％）、加賀42.3万人（37.9％））。このような変化の背景には、能登と加賀の格差の問題があります。

補章　能登半島と原発をめぐる歴史をふり返る

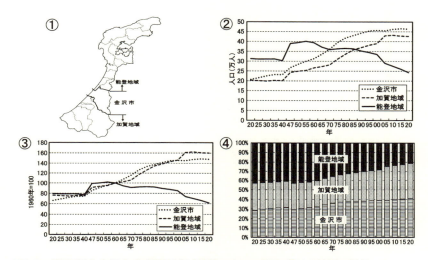

図6-2 能登地域、金沢市、加賀地域（3地域）の人口の推移。①は3地域の区分、②は3地域の人口推移、③は1960年人口を100とした3地域人口の推移、④は石川県人口に占める3地域の割合

出典：石川県統計協会、石川県統計書から作成

（1）明治～昭和初期の能登と加賀の格差

　能登と加賀の格差は時代とともに変わってきており、明治後半から大正にかけては米の生産の問題が根底にありました。

　石川県の農業は米に著しく特化していて、明治末期から大正期にかけて、県の農業生産物総価格に占める米の割合は70～80％に達していました。加賀では、手取川扇状地など潤沢な水と整地された耕地が広がっていて、安定した米作りができていました。一方、能登は山ひだで小さい谷が入り組んだ土地が多く、保水力が低くて土壌がやせたところが多いうえ、狭い耕地が少数の山林地主に所有されていることなどから、米作りは加賀よりはるかに困難でした。

　そのため、1934年の生産力を見ると、加賀を代表する石川郡の水稲の反収（1反（約10アール）当たりの収穫量）が2.37石（1石は約180リットル）であったのに対して、能登を代表する鳳至郡は1.75石とはるかに低

189

いものでした。また米の作付け比率（1928～1934年の平均）も、石川郡が83.3％であったのに対して、鳳至郡は62.4％と低く、麦・豆類・雑穀の比率は石川郡が8.0％、鳳至郡が21.4％でした。[8,9]

　能登は加賀に比べると、①土地生産力が低い、②小作地率が高い（多少とも土地を所有する農家（自作農家と自小作農家）は加賀では約80％、能登では約60％）、③耕地面積が相対的に小さい、という特徴があります。これらはいずれも、能登の農業の自立性と安定性が相対的に低いことを示すものです。

　こうした問題の裏返しとして、移住と出稼ぎがありました。第1回国勢調査（1920年）によれば、出生者中に占める流出人口の割合が高い府県の中で、石川県は6位でした（富山県が1位、福井県は5位と、北陸3県はいずれも上位）。石川県民の流出先は北海道が3分の1以上を占めて最も多く、以下、京阪神が27％、京浜地域が17％と続き、この3地域で全体の4分の3近くになっていました。能登からの出稼ぎで有名なのが能登杜氏（とうじ）で、行き先は多い順に滋賀・三重・静岡・富山・加賀で、農閑期に入った秋に故郷を出て4月に酒造りが終わると戻るという、典型的な季節出稼ぎでした。[10]

（2）能登と加賀の格差は高度経済成長期に拡大

　こうした状況がありながらも、能登・金沢市・加賀の人口比率は1950年代まではあまり変化しませんでした（図6-2④）。能登の人口はゆるやかであるもの、増加していました。ところが1960年頃から能登の人口は、減少に転じます（図6-2②③）。

　日本の高度成長期は、能登と加賀の地域格差が拡大してきた時期でもあります。能登では1960年頃から過疎問題が現れはじめ、市町村財政の危機にもつながっていきました。人口の流出と減少は奥能登で特に顕著となり、5年間に減少率が1割を超える自治体もありました。人口減少は能登の市町村で収入の減少をもたらし、支出の大きな部分を占めた教育費がまず切りつめられました。さらに民生費・保健衛生費など、生活に密着した

費目が抑えられていきました。

　このように福祉・生活環境基盤の整備が立ち遅れてくると、住民は良好な生活水準を維持できなくなり、人口の流出にいっそう拍車がかかるという悪循環に入ってしまったのです。

　1963年に8期にわたる県政をスタートした中西陽一・石川県知事（当時）は、石川県のもつ「行政、商業、文化等の面での中枢性を強化」することを、高度成長期における県政の施策の中心に掲げました。『石川県総合開発計画』（1968年）には、「日本海沿岸のなかでは最も開発可能性を有する地域」という記述も登場しました。これは、金沢市を中心とした地域の開発を、三大都市圏と結びつけていっそう特化することをめざしたものです。[10]

（3）国・県の失政が能登の困難をいっそう拡大

　能登の困難をさらに拡大したのが、国と県による失政です。その一例として、国営農地開発についてご紹介します。

　国営農地開発は、原則400ヘクタール（ha）以上を対象とした大規模な農地開発事業です。奥能登では1965年から1991年にかけて、7か所で423億円が投じられて2560haが造成されました。その中でも特徴的なのが、栗の開発パイロット事業の失敗です。

　能登半島では北陸農政局の指導で、大規模造成による栗生産団地の開発が行われました。農業の片手間でも何とかやっていけるというので、手間のかかる牛の飼育やタバコ栽培から栗に切り替えたいと希望する農家も多く、初めの頃は大いに歓迎されたといわれています。ところが、通常の農地や里山を栗園に改造するだけでは経営の規模拡大が進まないとして、利用価値のないアカマツ林や灌木（かんぼく）の林まで刈り払い、赤土の尾根筋を平らにして栽培団地が造成されていきました。

　栗は本来、石まじりの湿って肥えた土地を好むので、山裾（すそ）が適地とされていました。そうしたことを無視して、適地でないところに栗の木を無理やり植えると、必ずといっていいほど致命的な障害に見舞われてしまいます。

能登では1960年代半ばから、栗の立ち枯れが問題になってきました。原因不明の栗の集団枯死が広がり始め、植えた木に実がなる頃に枯れ始めるので、栽培農家への影響は甚大でした。ついに自殺者も出るようになってしまい、栗園が全滅したところも少なくありません。

　能登町ではかつて1200haの国営開発農地がありましたが、2010年頃に利用されている農地は300ha程度に減ってしまいました。開発費の3〜5％の負担金を払えない人も多く、滞納金は1億円を超えるといわれました。この頃、奥能登4市町で国が開発した2560haの農地のうち、法面(のりめん)や林道を除いた1717haの47％が耕作放棄地になっていました。[11,12]

（4）奥能登で相次いだ鉄道廃止と地域の崩壊

図6-3　のと鉄道の廃止区間

　石川県の失政がもたらしたものとして、奥能登で鉄道が相次いで廃止されてモビリティ（移動可能性）の格差が拡大し、地域崩壊が急速に進行してしまったという問題があります。この問題は、1994年からの谷本正憲・石川県知事（当時）の県政のもとで顕著でした。

　石川県は2001年に穴水〜輪島間（のと鉄道七尾線、20.4km）、2005年に穴水〜蛸島(たこじま)間（同能登線、61.0km）を相次いで廃止しました（図6-3）。この2路線は、前者は旧国鉄七尾線、後者は旧国鉄能登線が国鉄分割民営化後に廃止されたのに伴い、第3セクターとして石川県が引き継いだものです。

　鉄道の建設は奥能登の悲願であり、その計画は1922年、改正鉄道敷設法に「石川県七尾ヨリ宇出津(うしつ)ヲ経シテ飯田ニ至ル鉄道」と書かれたことにさかのぼります。鉄道省（旧国鉄の前身）は1929年、七尾線の輪島まで

の鉄道建設を決定し、1932年に穴水、1935年に輪島までが開通しました。一方、能登線建設は戦後に持ち越されました。

能登線の建設は1953年に開始され、1959年に鵜川（うかわ）まで、1960年に宇出津までが開通しました。1962年には鉄道敷設法に飯田～蛸島間が追加されて同区間の工事も始まり、ついに1964年9月に穴水～蛸島間61.0kmが全線開通したのでした。

能登線の乗車人員数は、1970年代の奥能登観光ブームにのって増加し、ピークとなる1977年には年間270万人の乗客を運びました。その後、国鉄の消極的な経営姿勢に道路整備の進展が重なって、乗客は次第に減少していき、1982年には200万人を割り込みました。

分割・民営化直前には、列車本数を減らして赤字額を減らすという国鉄の消極策に伴い、乗客数は一段と減少して年間100万人近くまで減少しました。しかし、1988年の第3セクター化と並行して沿線住民が存続運動を行い、ダイヤも改善された結果、1989年には乗車人員数は大きく盛り返し、1991年にはふたたび200万人を突破しました。その後、1990年代末期から乗客数が減少に転じましたが、その最大の理由は列車の運転本数の削減です。[7,13]

能登線の列車運行は、（ア）運転本数が少ない、（イ）スピードが遅い、（ウ）金沢へ（から）の利用が多いのに、急行以外は全て乗り換えが必要、などの問題点が指摘されてきました。しかし、国鉄とJRはこうした問題を放置し続けました。

のと鉄道への転換後は、（ア）の列車本数は増加したものの、（イ）と（ウ）の問題点は改善されず、珠洲～穴水間、珠洲～金沢間の所要時間はほぼ40年前の水準のままで、能登線の廃止直前にはかえって長くなってしまいました。

1998年以降になると石川県は、（エ）運転本数を次々と削減、（オ）急行列車もなくす（「能登路」は2002年3月、「のと恋路」は2002年10月に廃止）、（カ）始発列車は遅く、最終列車は早くする、などのダイヤ改悪を行い、沿線住民が能登線に「乗たくても乗れない」状況にしてしまいました。

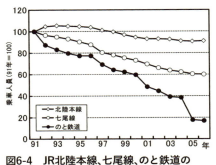

図6-4　JR北陸本線、七尾線、のと鉄道の
　　　　乗車人員数の推移
出典：石川県統計協会、石川県統計書から作成

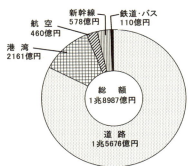

図6-5　石川県の交通関係事業費
　　　　（1989〜2008年度）
出典：石川県予算の概要から（1989〜
　　　2008年度、当初及び補正）から作製

　のと鉄道への転換後、列車本数が拡大していった1988〜96年は乗客数が維持されていたのに、本数が急激に減らされた1998年以降は乗客数が大きく減少しっていったことが、「乗たくても乗れない」状況を表しています。

　図6-4は、JR北陸本線・同七尾線・のと鉄道の乗車人員数（それぞれ、1991年を100としています）の推移です。北陸本線が2006年の時点で1991年の乗車人員数をほぼ維持しているのに比べ、七尾線は6割、のと鉄道は2割以下に急減しています。

　石川県が、能登線を廃止する理由にあげたのが「赤字」でした。とはいえ赤字の額は、もっとも多かった2002年度でも1億5400万円で、それ以外の年は1億円前後でした。廃止の前年も年間約100万人が利用していましたから、もし県が赤字補填に1億円をつぎ込んだとしても、1人1乗車当たり約100円にすぎません。石川県の予算の中には、これを上回る補助金はいろいろあったはずです。穴水〜輪島、穴水〜蛸島間の両線があった時でも、赤字は年間3億円程度でした。

　図6-5は筆者が1週間ほど石川県議会図書館に通って、1989年から2008年までの20年間の約100冊の石川県予算の概要（各年度の当初予算、4回の補正予算）から交通関係事業費を抜き出して分類したものです。[14]石

川県のこの20年間の交通関係財政支出の総額は1兆8987億円で、道路関係が1兆5676億円（82.6％）を占めていました。以下、港湾に2161億円（11.4％）、新幹線に578億円（3.0％）、航空に460億円（2.4％）と続き、近距離のローカル鉄道・バスには110億円（0.6％）

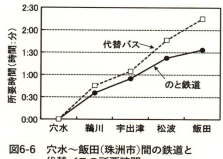

図6-6　穴水～飯田（珠洲市）間の鉄道と代替バスの所要時間

が支出されたにすぎません。ローカル鉄道・バスへの支出額は、道路関係事業費の140分の1だったのです。

のと鉄道能登線の廃止に伴って、2005年4月から代替バスが運行されました。穴水～珠洲間（下り）にはのと鉄道当時、最も多い時で16本、廃線直前に8本の列車が走っていましたが、代替バスでは3本に減ってしまいました。図6-6は、廃止直前の鉄道と運行開始直後のバスの平均所要時間を比較したものです。能登線の廃線と代替バス化によって、移動に要する時間が大幅に増えたことが分かります。

筆者は2006年2月、住民団体が行った代替バスの乗客への聴き取り調査に参加しました。その結果によれば、代替バスへの転換で「不便になった」との回答が62％を占めていました。不便になった理由は、「家を出る時刻が早くなり、つらい」、「乗車している時間が長くなった」、「バスは満員になり、立っているのが苦痛」、「列車のほうが速いし、時刻が決まっていて便利。バスは本も読めない」、「雪が降ると遅れて、学校に遅刻した」などでした[15]。

能登線は、高齢者が医療機関に通う手段でもありました。その廃止により、「利尿剤を服用しているので、トイレがあった列車には乗れたが、バスはないので乗れない」、「病院からの帰りに、能登線の駅には待合室があった。バスになってなくなり、吹きさらしの中で待っている」などの深刻な影響も出ました。

奥能登の県立4高校のほぼ半数の生徒が代替バスを利用するなど、廃線

になった鉄道の代わりにバスが重要な通学手段となりました。ところがバス運賃は鉄道よりも割高なので、石川県は負担を鉄道並みに軽減する助成制度を2005年4月に開始しました。ちなみに2007年度の事業費は、約7400万円でした。ところが石川県は2008年4月に助成額を減らし、2011年度には全廃してしまいました。

石川県は奥能登の県立高校の統廃合も行って、11校（分校を含む）を5校に減らしてしまいました（図6-7）。これによって多くの生徒が遠距離通学を余儀なくされ、公共交通機関が衰退する中で親に自動車で送ってもらわざるを得ない子も増えました。図6-7右は閉校前年の夏、野球場で涙を流しながら校歌を歌っている高校生たちです。

石川県は奥能登でさらに、4つある公立病院を1つに統廃合することを構想していて、能登半島地震もその理由にあげられています。

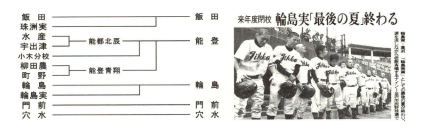

図6-7　奥能登での高等学校の統廃合
出典：北陸中日新聞、2008年7月15日（右）

能登半島地震の甚大な被害は、奥能登が置かれた困難な状況を浮き彫りにしました。この困難は、能登と加賀の格差が国や県の失政によって拡大し、公共交通機関の廃止に象徴されるように奥能登の住民に著しい不利益が押し付けられ、さらに高校の統廃合などが進められる中で深まっていったのです。

地域の衰退で住民の希望が失われていくと、そこに忍び寄ってくるのが原発です。その典型例である、奥能登での原発建設計画についてふり返ってみます。

第3節　珠洲原発計画の「白紙撤回」が示すもの

桜が満開となった1990年4月、筆者は金沢大学の教員たちと珠洲原発の建設候補地に行き、住民の方々から聞き取り調査を行いました。珠洲市寺家では、石川県や珠洲市、電力会社が、警察も使うなどのさまざまな手段で住民を分断しようとした実態について聞きました。そして、「こちらも名簿を整理し、声をかけあって励ましあっている。孤独感をもったら切り崩される」、「現地の反対運動は、金沢では考えられない精神的な重圧がある」と聞きました。珠洲市高屋では、反対派の監視小屋から急な山道をのぼったところで、「立入禁止」の看板や黄色いロープがあちこちに張りめぐらされているのを目にしました（図6-8）。

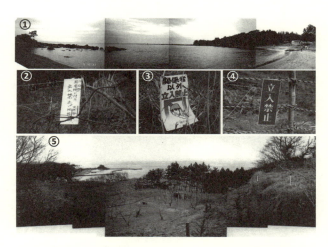

図6-8　珠洲市寺家（①）と高屋（②～⑤）の旧原発建設候補地（1990年4月9日筆者撮影）。②は反対派、③④は関電・推進派の立ち入り禁止の看板

（1）全国初の行政主導による原発誘致

能登半島の先端に位置する珠洲市は1954年7月、3町6村が合併して人口3万8157人の市として誕生しました（2024年8月1日現在の人口は1万851人）。高度成長期には珠洲から、自動車工場・高速道路建設・能登杜氏の酒造りなどの出稼ぎに多くの人々が出ていきました。出稼ぎは当時、

「30億円産業」といわれて、サラリーマンの給与を上回る現金収入をもたらしました。ところが出稼ぎへの依存は、「嫁の来手がない」といわれるなどの問題も生み出しました。その後、地場産業の瓦製造が衰退していき、1964年9月の国鉄能登線の全線開通でまきおこった奥能登観光ブームも、次第にさめていきました。

そうした中で地元での雇用確保が問題となり、「企業誘致が進まないから原発を」の声も上がり始めました。1974年10月には、放射線漏れ事故をおこした原子力船「むつ」を珠洲・飯田港に誘致するよう地元県議が政府に働きかけましたが、立ち消えになりました。

そして1975年10月31日、珠洲市議会全員協議会が原子力施設の適否調査を国に要望することを決定します。ここに全国初の、行政主導の原発誘致の始まったのでした。ピーク時には4万人弱だった人口は、この年には約2万8000人に減少していて、行政は原発誘致を過疎対策の「切り札」としました。

珠洲原発計画は、関西電力（関電）が高屋、中部電力（中電）が寺家に、それぞれ北陸電力と共同で原発1基ずつを建設するというものでした（図6-9）。三社で電源開発協議会を設置して、北電の役割は「調整役」でした。地元住民は、能登半島を「原発基地」にする計画に反対の声をあげて、1978年には珠洲原発反対連絡協議会が結成されました。

予定地の高屋、寺家両地区の住民のところには、「土地を売ってほしい」、「借地契約をさせてほしい」という人物がやってくるようになりました。高屋地区には6000万円をかけた「キリコ会館」（祭りに使う大きな奉燈の収納庫）や「漁具格納庫」、「農産物保冷庫」などが建設され、維持管理費はすべて関電が支払いました。また、これまでなかった「港まつり」を開催するようになり、これも関電の丸抱えでした。さらに須須神社の祭りには、1700万円をかけて有名人を呼んでコンサートをひらくなど、大盤振る舞いが続けられてきた。

関電の現地幹部は「人の心は金で買う」と公言し、推進派住民を繁華街まで車で送迎し、料理屋で飲み食いさせるのが日常茶飯事となりました。特急を借り切ってアゴアシつきで原発のある各地に行く「視察旅行」の参

加者は、延べ人数で珠洲市人口の約3分の2に達したとされます。

珠洲市には1993年以降、毎年1億5000万円の電源三法交付金が入ってきました。市はそれを使い『電源立地のメリット』というパンフレット

図6-9　珠洲原発建設予定地だった珠洲市高屋・寺家と能登半島地震の震央

を作り、「原発2基が建設されれば5年間の建設期間に685億円、運転開始後も年109億円の経済効果が見込まれる」と書いて市民に配りました。

（2）原発予定地の代理買収と隠蔽工作

20世紀もそろそろ終わりに近い1999年10月、高屋地区の原発予定地周辺の土地を、清水建設など大手ゼネコンの関係会社が秘密裏に取得していたことが明らかになりました。この買収工作に加担した企業は、ゼネコン・不動産ブローカー・ダミー会社など二十数社にのぼり、暴力団もかかわっていました。原発建設にはどろどろした利権がつきものですが、珠洲も例外ではありませんでした。

その一方で、地元住民などの強い反対で、珠洲原発の建設計画は電力3社が思い描いたようには進みませんでした。珠洲市議会は1986年6月14日に原子力発電所誘致を決議しましたが、局面は打開できません。電力会社が原発着工を前に行う「事前調査」も、原発立地を前提としない建前だと理屈をつけて、「立地可能性調査」にいい換えられました。関電と北電は1989年5月12日、高屋でその調査に着手したものの、住民の抗議で6月16日に中止に追い込まれました。そうした中で秘密裏に行われたのが、大手ゼネコンの清水建設など4社による原発予定地の代理買収でした。

関電からひそかな依頼を受けた清水建設などは、珠洲原発予定地周辺の約11万㎡の土地を1993年12月から1994年2月にかけて、地権者であ

図6-10　能登半島地震による珠洲市の被害状況
出典：①北陸中日新聞2024年1月7日、②朝日新聞2024年1月6日、③北陸中日新聞2024年1月10日、④北陸中日新聞2024年1月13日

る神奈川県内の医師から購入しました。土地取引は、この医師の脱税事件の裁判によって表面化しました。実際には医師との売買契約であるにもかかわらず、ゼネコン4社は土地を担保とした融資を装ったのです。医師は売却による所得を税務署に申告せず、脱税が問われることになったわけです。問題の土地の権利証は東京国税局が1998年に行った査察で、関電の珠洲立地事務所から発見されました。関電は、原発用地買収を隠すための工作もやっていました。

　2003年12月までに、珠洲原発建設予定地のほぼ9割が確保されたともいわれていました。ところが、電力3社が下した結論は「白紙撤回」でした。能登半島地震による珠洲市の甚大な被害を目の当たりにして（図6-10）、筆者は珠洲原発が建っていなくてよかったと、つくづく思いました。

（3）珠洲原発計画「白紙撤回」後の深刻な後遺症

　輪島市議会は2003年9月18日に「珠洲市の原発立地計画の白紙撤回を求める意見書」を採択し、知事は石川県議会9月定例会で「電力需要は低迷し、自由化も進んでいる。電力会社は経営環境を見通して（計画を）熟慮していると推測する」と述べました。9月25日には地元紙が「珠洲原発計画　断念へ」と報じ[16]、10月24日には北電社長が東京での記者会見で、

断念を含めて計画を見直すという考えを明らかにしました。こうした動きを受けて、地元からは「やっと嫌な重しがとれた思いだ[17]」、「断念は時代背景からみても当然[18]」、「地域社会は引き裂かれたまま[19]」などの声があがりました。

そして2003年12月5日、関西・中部・北陸の3電力会社は珠洲原子力発電所の建設計画の「凍結」を珠洲市に申し入れました。「凍結」というものの、実際は「白紙撤回」です。

珠洲原発計画がこのような結末に至った原因として、（ア）電力需要の伸びが計画を大幅に下回ってきていること、（イ）原発には膨大な後処理コストがかかり、発電コスト面で優位性がないことが明らかになったこと、（ウ）地元をはじめ、ねばり強い反対運動が取り組まれてきたこと、が推測されました。

珠洲原発計画がストップしたことで、電源三法交付金もストップしました。珠洲原発計画の白紙撤回の翌日、地元紙は「来春の小学校統合で導入予定のスクールバス2台は、電源立地地域対策交付金を当て込んでいたため、『保留』となった」と報じました[20]。小学校のスクールバスまで、原発マネー頼りになってしまっていたのです。

ところが珠洲市長や原発推進派は、あくまでも原発マネーにしがみつこうとしました。白紙撤回が電力会社の都合によるという理屈で、珠洲市議会は2003年12月に「地域振興基金条例」を制定して、100億円規模の金を電力会社に要求しました。これを受けて電力3社は2004年8月27日、珠洲市の地域振興基金に合計約27億円を寄付しました。珠洲市の地域振興策プロジェクト委員会も同日、2007年度から10年で約150億円の事業を行うという最終案を市長に提出しました。

珠洲市は原発建設計画の白紙撤回以降、地域振興策として、世界ジャンボリーや刑務所誘致、NHKの大河ドラマロケなどの誘致を次々と打ち出しましたが、いずれも落選や断念となりました。原発建設計画に踊らされた後遺症は、「原発後」の珠洲にも深刻な影を落としたといえるでしょう。一方、珠洲市高屋では関電が寄付した農産物保冷庫の電気代などの地元負担が大きく、維持できずに解体されました。

〈参考文献〉

1) 原子力委員会、第 2 回原子力の研究・開発及び利用に関する長期計画、1961 年．https://www.aec.go.jp/jicst/NC/tyoki/tyoki1961/chokei.htm#sb2030701、2024 年 7 月 16 日閲覧．
2) 北國新聞、1967 年 7 月 7 日．
3) 北國新聞、1967 年 11 月 14 日．
4) 日本科学者会議編、さし迫る原発の危険、リベルタ出版（1992）．
5) 清水修二、電源三法は廃止すべきである、**世界**、2011 年 7 月号．
6) 石川県県民文化局、石川県の人口動態、2004 年．
7) 石川県統計協会、石川県統計書．
8) 石川県、石川県史　現代篇．
9) 石川の食事編集委員会、聞き書き　石川の食事、農山漁村文化協会（1988）．
10) 橋本哲哉・林宥一、石川県の百年、山川出版社（1987）．
11) 小川　真、森とカビ・キノコ－樹木の枯死と土壌の変化、築地書館（2009）．
12) 朝日新聞石川版、2012 年 9 月 28 日．
13) 国鉄時刻表、JR 時刻表．
14) 石川県、石川県予算の概要（1989 〜 2008 年度、当初および補正）．
15) 児玉一八、能登線の再生をめざす運動と公共交通、第 48 回自治体学校予稿集（2006）．
16) 北陸中日新聞、2003 年 9 月 25 日．
17) 朝日新聞、2003 年 10 月 25 日．
18) 毎日新聞、2003 年 10 月 25 日．
19) 朝日新聞、2003 年 11 月 29 日．
20) 北陸中日新聞、2003 年 12 月 6 日．

あとがき

　筆者の夏の楽しみは家族と小旅行に出かけることで、とりわけ能登にはよく行っていました。

　珠洲市の北、木の浦の小さな入り江に行った時、わが子が手招きするのでそこに行くと、海の中を小さなイカが泳いでいました。見附島の近くの温泉で汗を流してから、七尾湾に面した能登町の民宿に着くと、晩ご飯は能登の食材をふんだんに使ったイタリアンでした。トマトのいしりソース（いしりは能登の魚醤）、サザエのガーリック焼き（味付けはへしこ）、蛸（たこ）とアカラバチメのカルパッチョ、甘海老ソースをかけたパスタ、鱸（すずき）のグリルなどなど。ちょっと飲みすぎて庭に出ると、空には満天の星が輝いていました。

　七尾湾に浮かぶ能登島に泳ぎに行った時は、カキがたくさんはりついている岩場の近くで、フグの子が泳いでいるのが見えました。島の突端、鰀（え）目（の）集落で泊まった民宿では、能登島の魚をさばいた刺身の大皿、サザエの壺焼き、イイダコの煮物、蛸とキュウリのぬた、鰈（かれい）の唐揚げ、鯛（たい）の塩焼きなど、食べきれないほどの海のご馳走が並びました。翌朝は早く起きて、西の空に残る満月と海からのぼる太陽をながめました。

　2024年元日に起こった能登半島地震によって、能登町の民宿は休業してしまいました。新聞に、翌年の営業再開をめざしていると書いてありました。能登島の民宿は建物が傾いて大小の亀裂も入り、宿は廃業して七尾市内の仮設店舗で再起を図ると、これも新聞で知りました。わが子が海岸で絵を描いた見附島は地震で崩れて、以前とはまったく違うみすぼらしい姿になってしまいました。

　地震によって能登半島のあちらこちらが被害を受けたことが報じられると、行ったことがある場所がたくさんありました。筆者が学生時代からこれまでに能登を訪れてきた回数は、200回を優に超えていると思います。

その中で走ってきた場所を思い起こすと、輪島市や珠洲市の外浦（能登半島の海岸のうち、日本海の外洋に面したところ）を通る国道249号線などが特に景色が素晴らしいのですが、能登の道は山がちで、すれ違いが困難なところもあちこちにあるため、通行不能になったところが多いだろうと発災直後に思いました。

　地震の翌日から、新聞やテレビなどで能登半島の道路や家屋などの被災状況が報じられ始めましたが、それは想像をはるかに超える深刻なものでした。筆者は、石川県原子力防災計画に書かれている「避難道路」をすべて車で走っており、防災訓練も30年にわたって視察してきましたから、もし同じような規模の地震と志賀原発の大事故が同時に起こったら、避難することすら不可能だろうということもただちに分かりました。

　筆者が原発の問題に関心を持ち始めたのは、理学部化学科の学生だった20歳の頃です。学部に進学して3年になると放射化学の講義と学生実験が始まり、夏休みには第1種放射線取扱主任者の国家試験を受けるために、友だちといっしょに仙台まで行きました。その年の10月に発表があって、幸いにも合格したので、「せっかく受かったのだから、この知識を活かしたい」と考えました。

　あれから40年以上が経ちました。能登半島地震に関する新聞の切り抜きを続けたり（2024年9月末で一千枚を超えました）、被災地を訪ねたりする中で、能登半島地震をふまえて志賀原発の問題をきちんと書き残しておかないといけない、と考えるようになりました。そうした時にかもがわ出版から本のお話があり、2024年5月下旬から約3か月で書きあげました。

　本書を出版するにあたって、かもがわ出版編集主幹の松竹伸幸さんにたいへんお世話になりました。松竹さんと本を作ったのはこれで3冊目ですが、今回もまた気持ちよく仕事ができました。心からお礼を申し上げます。

　妻・美紀は原稿を読んで、意見をくれました。被災地や原子力防災訓練の視察に同行してくれたこと、原発問題の活動を長年にわたって支えてくれたことにもお礼をいいます。

　そして、この本を読んでくださった読者の皆さまにも感謝いたします。ありがとうございました。

著者略歴

児玉　一八（こだま　かずや）

理学ジャーナリスト。1960年福井県武生市（現在、越前市）生まれ。1978年福井県立武生高等学校理数科卒業。1980年金沢大学理学部化学科在学中に第1種放射線取扱主任者免状を取得。1984年金沢大学大学院理学研究科修士課程修了、1988年金沢大学大学院医学研究科博士課程修了。医学博士、理学修士。専攻は生物化学、分子生物学。現在、核・エネルギー問題情報センター理事、原発問題住民運動石川県連絡センター事務局長。

著書：単著として『活断層上の欠陥原子炉　志賀原発』（東洋書店）、『身近にあふれる「放射線」が3時間でわかる本』（明日香出版社）、『原発で重大事故－その時、どのように命を守るか？』（あけび書房）。共著として『放射線被曝の理科・社会』（かもがわ出版）、『しあわせになるための「福島差別」論』（同）、『さし迫る原発の危険』（リベルタ出版）、『福島事故後の原発の論点』（本の泉社）、『福島第一原発事故10年の再検証』（あけび書房）、『福島の甲状腺検査と過剰診断』（同）、『科学リテラシーを磨くための7つの話』（同）、『気候変動対策と原発・再エネ』（同）、『どうするALPS処理水？』（同）など。

能登と原発
　　1.1 地震が実証した 30 年間来の提言の意味

2024 年 12 月 8 日　第 1 刷発行

著　者	ⓒ児玉一八
発行者	竹村正治
発行所	株式会社　かもがわ出版
	〒602-8119　京都市上京区堀川通出水西入
	TEL 075-432-2868 FAX 075-432-2869
	振替　01010-5-12436
	ホームページ　http://www.kamogawa.co.jp
印刷所	シナノ書籍印刷株式会社

ISBN978-4-7803-1347-5　C0036